JN064005

現数Select No.4

集合から空間へ

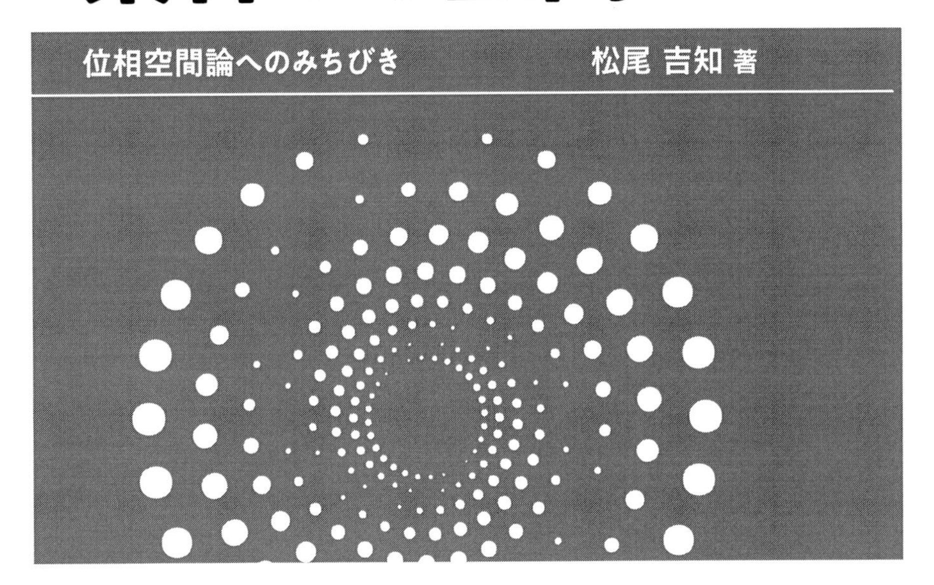

現代数学社

本書は 1975 年 9 月に小社から出版した
『集合から空間へ　位相空間論へのみちびき』
を判型変更・リメイクし、再出版するものです。

はじめに

今世紀のはじめ Cantor の集合論が世に出て，数学は一つの曲り角を過ぎたといわれている．それは数や図形を対象にしていた世界からの脱皮で，対象が何でもよい単なる物の集りに変わったからである．物の集りの個々の要素の間には何の関係もない．その個々ばらばらの物の集り，しかもその物の持つ性質は問題にしないで共通にその集りが持つ性質，それが集合論を生んだ．りんごが一個，なしが一個，かきが一個でもこの一個という性質，空でもないし，二個でもないという性質は，りんご，なし，かきには無関係な性質である．こうした性質の集成が集合論を生んだわけである．一方，ギリシャの昔から数や図形について人類は数多くの知識を持った．時に 18, 19 世紀にかけては数学は無数ともいえる美しい結果を生み出している．そこで，考えつくことは，この何のつながりもない集合に，少しずつつながりを入れて段々つながりの性質を増やして行くと，やがては数なり図形なりの持つ性質がすべて出てくるのではないかということである．

二十世紀のはじめにこのような方向で集合の間につながりを加えようとする努力が払われている．Cantor から Hausdorff 等はそういった方向の探りを入れていて，1920 年代にとって，このつながりの入った集合を空間と名付けるようになり，いろいろな空間の考えが生まれた．これは，既によく知られている距離空間や実数などの性質の本質の解明に非常な貢献をした．

本書は 1968 年 11 月から 1969 年 3 月までの月刊誌現代数学への連載にはじまり，1974 年 7 月から 1950 年 3 月まで現代数学へ連載したものを一冊の本にまとめたものである．

第１章 基礎的概念は，まだ要素の間のつながりを入れてない集合の性質を簡単に述べた．集合算と写像の基本的性質にとどめて濃度の問題，順序の問題には一切触れていない．勿論これで集合論が十分という意味ではないのだが，元来この本自体が位相空間論のすべてに触れるつもりがあってのことではないので，必要最小限の知識をというつもりで載せたものである．

第２章 位相空間は集合の要素のつながりとして導入する性質で空間として欠くことの出来ない性質を備えるに最小限必要な単位を挙げた．この章でいろいろな方法でその性質が導入されることを示し，それらがお互に同値であることを示した．これも，現在わかっているもののすべてを盡すということではなく，代表的ないくつかを挙げてその精神を紹介するように勉めた．

第４章 分離公理は最小限の空間の性質をそなえただけでは，普通，数学として取り扱う距離空間や実数の沢山の性質は出てこないので，更につぎつぎに性質を空間に与えて，段々実のりの多い結果を得てゆくプロセスを点を分ける手段の仕方で与えてゆく有様を示したものである．

第６章 コンパクト空間は同じような分析を角度をかえて点の密度の方面からながめた状況を取り扱ってみた．

第８章 連結空間は空間が全体として一つにまとまっているか，幾つかに分れているかを取り扱っていて，これも位相という概念で基本のものとされている．

第９章 距離づけ問題は位相空間の一つの到達点と考えられる距離空間への道のあり方を紹介し，合せて現在盛んに研究されている話題の一端をものぞいてみようという試みで設けてみた．

このように，集合から出発して位相空間の現在研究中の問題にまで出来るだけ解り易く，しかもお話としてではなく述べようとした．これは何分にも浅学非才の私にとっては難かしい仕事であって，振り返えってみて決して満足の出来とはいえないが，最近では相当多数出て来た類書のなかで，或程度違ったねらいは認めて戴けるかと思う．また，私の意図するところを生かして貰う為にはかなり丁寧に読んで，定義なども十分理解した上で先に進んで戴きたいし，練習問題も必ず当っていって貰いたい．

読者諸氏よりいろいろ御意見を戴き，はじめの趣旨を十分生かした本に改訂してゆきたいと考えている．

1975 年 5 月 9 日交通ゼネストの休みを利用して著す．

著　者

このたびの刊行にあたって

本書初版は 1975 年 9 月でした．復刻を望まれる読者の声にお応えし，生き生きとした数学を少しでも多くの方に読んでいただきたいと復刊した次第です．このたびの刊行にあたり，故・松尾吉知先生に心より厚く御礼を申し上げます．

現代数学社編集部

目　次

第1章　基礎的概念

§1　序

数学の対象が数と図形から一般に物の集り，「**集合**」に拡大されてから既に久しい．このことは本来，数や図形の持つ性質を剝奪した状態のものに考えを移すことが出来たとも云えるであろう．これは丁度物の性質を保存する最小単位の分子を更にその性質を剝奪した原子に，更には原子核と電子にと進展して行った現代物理学の方向とその軌を一にしていると見るならば，二十世紀初期の思考の自然の動向とも云い得るのではなかろうか．

図形はある意味では数の部分であるから，古い数学の対象は数に限られたと見て差支えあるまい．その古い数学の対象であった数から，どんな性質を剝奪することによって数の構造がばらばらに分解して集合が生まれることになったのだろうか．

数は**演算**，**順序**，**位相**の三構造をもつ．実数について云うならば，加減乗除は演算であり，大小は順序であり，点同士の近さが位相である．逆にこの三つの性質を一つの集合に持たせると，本質的に実数と同じものが出来ることが示される．

本稿では，この第三の構造である位相についてなるべくわかり易く，かと云って単なるお話でないように述べてみようと思う．

そのまえに，この位相という言葉に誤解のないようにいささか説明を加えておこう. 数のもつ三つの構造の一つ 点の近さ を位相というと述べたが, 実は位相またはトポロジー[1)]にはいろいろな使い方があるので, 読者のうちには上の説明を読んで, おやと思う人があるかも知れない.

そこで, 先ず代表的な使い方の説明から入ろう.

"トポロジーとは何か"という表題の文章は近頃盛んに出ているトポロジーの入門書[2)]には必ずと云ってよい位かかれていて, トポロジーとは"ゴムで出来た物体"がもついろいろな構造のうち "引き裂くことなく伸ばしたり縮めたり" しただけでは変わらない性質であると云っている.

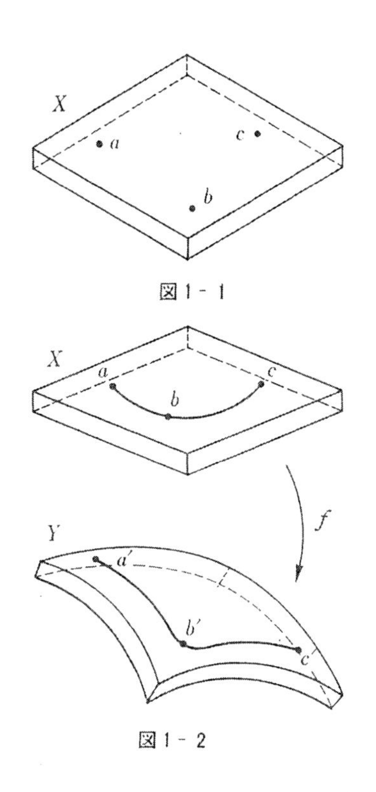

図1-1

図1-2

図1-1のXを物体とし, a, b, cをその三点としよう. Xがすべての性質を剥奪された集合である場合には, a, b, cは単にXに所属するというだけで, aとbはaとcより近いというような関係は考えられない. そこでXをゴムで出来た物体とすることは点同士にある関係[3)], すなわち近さを与えることなのである. この関係が "引き裂くことなく伸ばしたり縮めたり" しても変わらないものであるとき, Xは**空間** (位相空間) と呼ばれる. そして, この関係をXの**位相**とか**トポロジー**とか云う. Xは単なる集合ではなくなって, トポロジ

---

1) topology

2) 例えば, Mansfield 'Introduction to Topology'

3) 例えば a, b, c 三つだけについていえば, a と b は近くて a と c, b と c は近くないなどという関係.

ー$\mathcal{T}$との組として，$(X, \mathcal{T})$で表わされ，集合Xと区別される．なお，同じXに対していくつも$\mathcal{T}$が考えられて，$\mathcal{T}_1$と$\mathcal{T}_2$が違えば$(X, \mathcal{T}_1)$と$(X, \mathcal{T}_2)$は異った空間である．

そこでこの$(X, \mathcal{T})$，つまり“ゴムで出来た物体”を“引き裂くことなく伸ばしたり縮めたり”する．XはYにかわり，近さという点同士の関係は変わらないという仮定からYにも近さの関係が保存される．この関係を$\mathcal{T}'$とすると$\mathcal{T}'$はYのトポロジーであって，$(Y, \mathcal{T}')$は空間となるのである．

ここに二つの空間$(X, \mathcal{T})$と$(Y, \mathcal{T}')$があって，$(X, \mathcal{T})$がある規則によって$(Y, \mathcal{T}')$の各点に対応する．これは$(X, \mathcal{T})$から$(Y, \mathcal{T}')$への写像fであって，このとき$\mathcal{T}$は$\mathcal{T}'$に対応して点同士の近さの関係が変わらない．この写像fは，上の“引き裂くことなく伸ばしたり縮めたり”することに相当し，**位相写像**と呼ばれる．

位相あるいはトポロジーという言葉は，空間の点の近さを表わすことに用いられるばかりではない．例えば，一つの位相空間を位相写像によって写した時不変に保たれる性質を位相的性質と称し，位相的性質を研究する学問をトポロジーと呼ぶことがある．

何れにしてもこの位相，トポロジーという言葉を理解するためには，位相空間の何者なるかを知らねばならぬことはおわかりであろう．

さて，位相空間は前にも述べたように集合Xと関係$\mathcal{T}$の組$(X, \mathcal{T})$であるが，$\mathcal{T}$の導入の仕方にはいろいろな方法があって，それぞれ特徴があり，また目的によって便利さが違う．

本稿では，この章の§2, §3に位相空間の母体となる集合と基礎的概念として欠くことの出来ない写像について簡単にふれ，第2章で位相の導入の代表的な方法について具体的にわかり易く説明を加えてみたいと思う．

この後，分離公理やコンパクト，連結性などの点を学ぶことによって位相空間の概観がえられよう．

§2　集合のもつ基本的性質

集合とは何等構造を持たぬ物の集り，又は構造を度外視して考えた場合

の物の集りではあるが，全く何の規制もないと云うわけではない．少くとも，集合Xにあるものが所属するかどうかの判断は可能でなければならない．このものxを，集合Xの元とか要素とかいう．$X \ni x$[1]とはxがXの元であることを示す記号で，xはXに属すと読む．xがある規制（条件）αを満たし，その規制を満たすものを集めた集合をXとすることを，$X=\{x|\alpha\}$とかく．

この規制αは非常に広い意味で，例えば$X=\{x|x$は有理数$\}$と書けば，Xはすべての有理数の集合であり，$X=\{x|x=3n, n\in \boldsymbol{N}\}$（$\boldsymbol{N}$は自然数の集合）と書けば，$X$は自然数のうちの3の倍数の集合である．また$X$の元があまり多くない有限個の場合は，その有限個の全部を書きつらねて，$X=\{a, b, c\}$のように書くことがある．これはXの元は，aとbとc三個のみより構成されることを示す．

集合の議論では一つの大きな集合を考えて，その一部分についての関係を考えることが多い．この大きな集合は全体集合と呼ばれ，普通Eであらわす．また，一般に集合Xの元の一部分（または全部）からなる集合Yは，Xの部分集合と呼ばれ$X\supset Y$と書く．（$Y\subset X$と書いてもよい）

XとYとが全く同じ集合のときは$X=Y$と書くが，この場合でも$X\supset Y$が成り立つ．このことを含めて$X\supseteq Y$と書く人もあるが，本稿ではこの記号は用いない．

$X\supset Y$ということと，$x\in Y$ならば$x\in X$であるということとは同じである．

$A, B, C, \cdots\cdots$を全体集合Eの部分集合とするとき，AとBの**和**[2]とはAの元かBの元かであるようなものの集りで，これを$A\cup B$と書く．すなわち，

$$A\cup B=\{x|x\in A \text{ または } x\in B\}$$

これは図では右の図2-1のようになり，このような図2-1を**オイラー**[3]図

1）$x\in X$ともかく．
2）または和集合，合併等．
3）Euler

式または**ベン**[1]**図式**という.

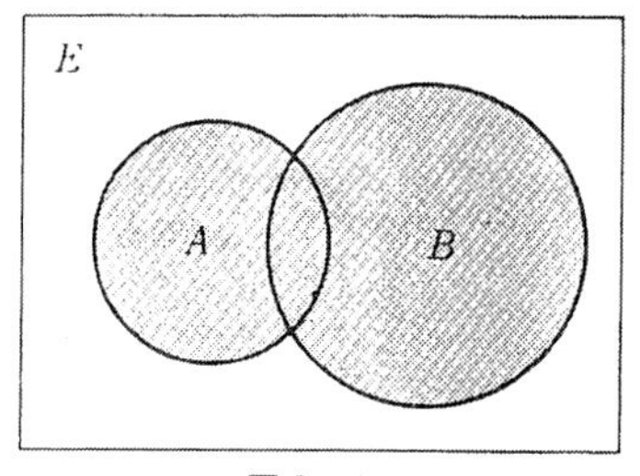

図2-1

　A, B, C の和は $A\cup B\cup C$ と書かれ，オイラー図式では右の図2-2のようになる.

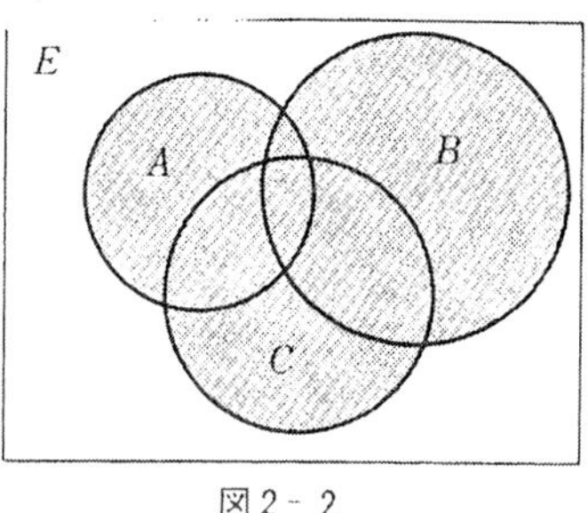

図2-2

　有限個の集合 $A_1, A_2, \cdots\cdots, A_n$ があるとき，その和 $A_1\cup A_2\cup A_3\cup \cdots\cdots\cup A_n$ とは，その元がどれかの A_i に属することである．これを式に書くには，いろいろな書き方がある.

$$A_1\cup A_2\cup\cdots\cdots\cup A_n=\{x\mid x\in A_1 \text{ または } x\in A_2 \text{ または}\cdots\cdots \text{ または } x\in A_n\}=\{x\mid \exists i\in\{1, 2, \cdots\cdots, n\};\ x\in A_i\}$$ [2]

　$A_1\cup A_2\cup\cdots\cdots\cup A_n$ のことを $\bigcup_{i=1}^{n} A_i$ ともかく.

　無限個の集合になると，話はいささか厄介になる．可附番無限個というのは自然数と一対一に対応がつけられる無限個のことで，これは $A_1, A_2, A_3, \cdots\cdots, A_n, \cdots\cdots$ のようにすべてに番号がつけられる．この無限個の場合の和は $\bigcup_{i=1}^{\infty} A_i$ と書いて，どれかの A_i に属する元をすべて集めた集合である．すなわち

$$\bigcup_{i=1}^{\infty} A_i=\{x\mid \exists i\in \boldsymbol{N};\ x\in A_i\}$$

1) Venn

2) $\exists i\in\{1,2,\cdots\cdots,n\}$ とは，1から n までの数のうちに適当な番号の i があることを示す．すなわち，適当な番号 i があって x は A_i に属す．そのような x の集合の意.

自然数の全体とは，どうしても対応づけ出来ないような無限の集合がある．どんな風に対応づけても，まだあまってしまうのである．例えば，区間(0, 1)（0と1の間の実数のすべて）は可附番無限よりはもっと多い無限個の数の集まりである．(0, 1)に所属する任意の数 α に対して，A_α というEの部分集合が対応しているとき，何れかの A_α に属するような元xのすべてを集めた集合を A_α; $\alpha\in(0,1)$ の和と云って $\bigcup_{\alpha\in(0,1)} A_\alpha$ とかく．定義を式にかくならば，

$$\bigcup_{\alpha\in(0,1)} A_\alpha=\{x\,|\,\exists\alpha\in(0,\ 1);\ x\in A_\alpha\}$$

一般には(0, 1)に当るところの集合にはいろいろなものがあって，これを添字集合といい，Λ[1] とかいて和は $\bigcup_{\lambda\in\Lambda} A_\lambda$ とかかれる．勿論，可附番無限の場合でも，$\bigcup_{i\in N} A_i$ とかいても差支えない．

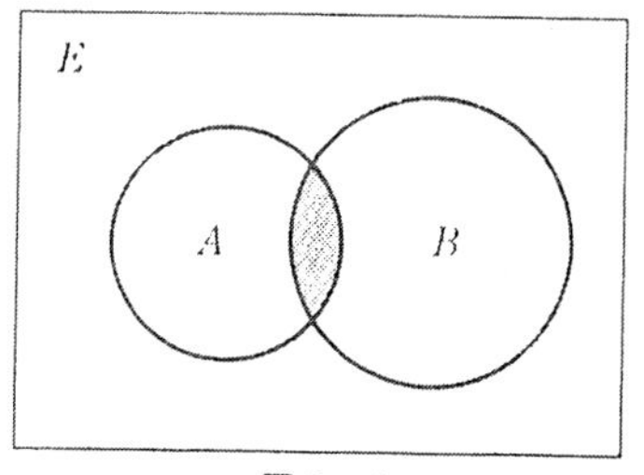

図2-3

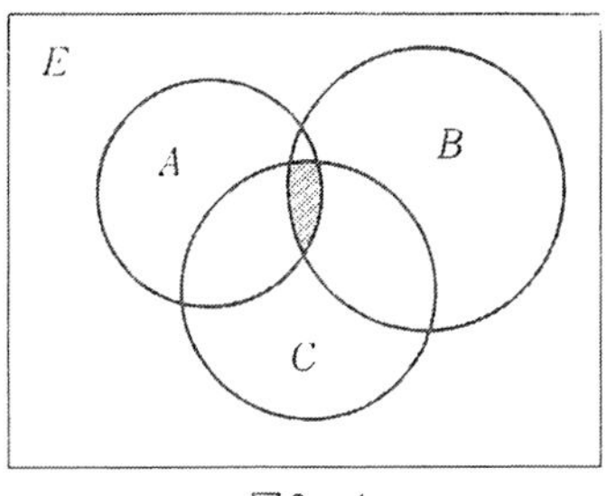

図2-4

つぎに，AとBとの**積**[2]とはAの元でもBの元でもあるようなものの集りで，これを $A\cap B$ と書く．すなわち，

$$A\cap B=\{x\,|\,x\in A \text{ かつ } x\in B\}$$

オイラー図式で示せば，右の図2-3のようになる．

和の場合と同様に $A\cap B\cap C$ や $\bigcap_{i=1}^{n} A_i$, $\bigcap_{i=1}^{\infty} A_i$, $\bigcap_{\lambda\in\Lambda} A_\lambda$ を定めることが出来る．

$A\cap B\cap C$ のオイラー図式は，上の図2-4のようになる．また，式で書くと，例えば

---

1) ラムダ（λの大文字）．
2) 又は積集合，交わり等．

$$\bigcap_{i=1}^{\infty} A_i = \{x \mid \forall i \in \boldsymbol{N};\ x \in A_i\}$$ [1)]

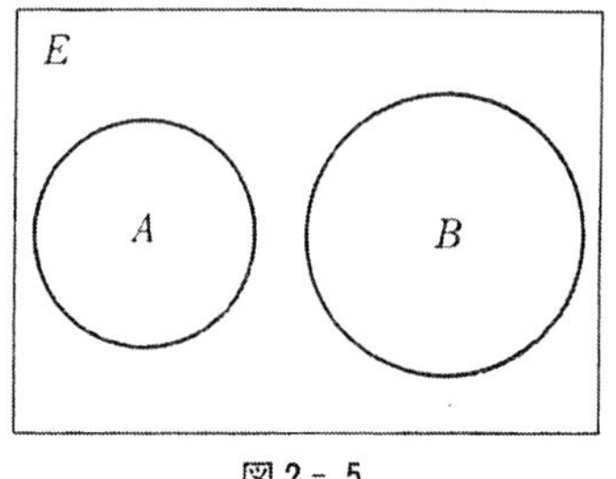

図2-5

さて，右の図2-5のオイラー図式のようにAとBに共通の元がないとき，AとBとは**互いに素**であるというが，このとき，$A \cap B$は何であろうか．強いていえば元を持たない集合である．これをϕで表わして**空集合**と呼ぶが，なかなか味な役割を演ずる集合である． 空集合は， すべての集合の部分集合であると約束する．すなわち，

$$\forall A;\ A \supset \phi$$

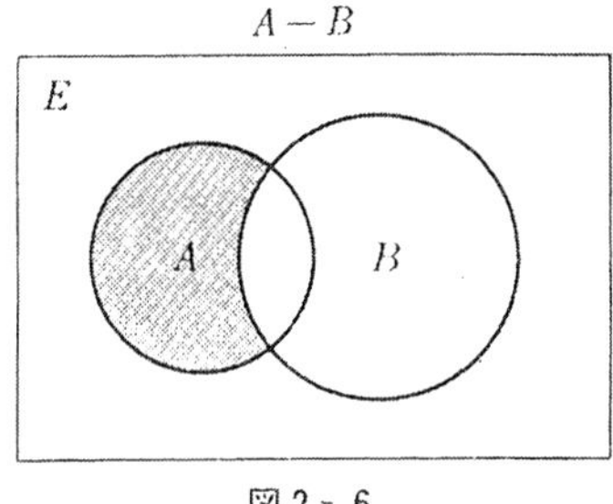

図2-6

いま集合同士の間に二つの自然発生的な演算を導入したわけであるが，序にも述べたように集合自体は数からこの演算なる構造を剝奪したものであった．ところが一つの集合 E（全体集合）の部分集合の集合[2)]を考えると， 上に見たように自然発生的に演算があらわれてしまう．長い間，数から演算を分離しかねていた理由もわかるような気がする．

集合族に附加する演算としては， このほか $A-B$ とか A の**補集合** A^c とかがある．これらは，つぎのように定めるる．

$$A-B=\{x \mid x \in A,\ \text{かつ}\ x \notin B\}^{3)},$$
$$A^c = E - A = \{x \mid x \notin A\}$$

オイラー図式であらわすと，上の図2-6，次頁の図2-7のようになる．

---

1) $\bigcup_{i=1}^{\infty} A_i$ のときは，$\forall$（任意の）の代りに $\exists$ であった．この違いを充分理解してほしい．

2) これを**集合族**と呼ぶ．

3) $x \notin B$ は x は B に属しないこと．

これらの演算は，つぎの基本的な性質を満たす．

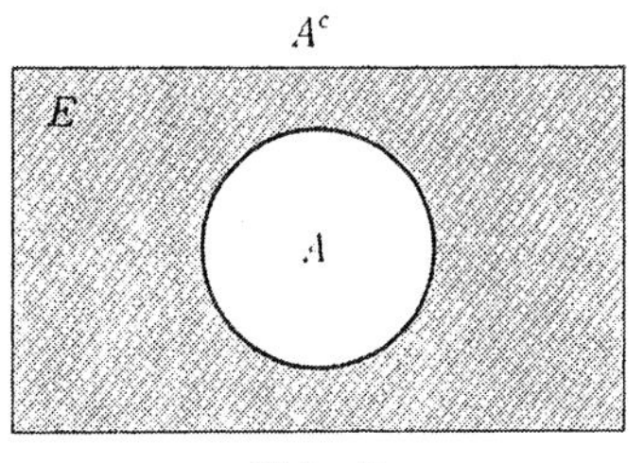

図2-7

(1) $A \subset A \cup B$, $A \supset A \cap B$

(2) $A \subset C$, $B \subset C$ ならば $A \cup B \subset C$
$A \supset C$, $B \supset C$ ならば $A \cap B \supset C$

(3) $A \cup A = A \cap A = A$ (巾等律)

(4) $A \cup B = B \cup A$, $A \cap B = B \cap A$ (交換律)

(5) $(A \cup B) \cup C = A \cup (B \cup C)$, $(A \cap B) \cap C = A \cap (B \cap C)$ (結合律)[1]

(6) $A \subset B$ ならば $A \cup B = B$ 及びこの逆
$A \subset B$ ならば，$A \cap B = A$ 及びこの逆 (吸収律)

(7) $A \subset B$ ならば $A \cup C \subset B \cup C$　　$A \subset B$ ならば $A \cap C \subset B \cap C$

(8) $(A \cup B) \cap C = (A \cap C) \cup (B \cap C)$　　$(A \cap B) \cup C = (A \cup C) \cap (B \cup C)$ (分配律)[2]

(9) $A \cup A^c = E$, $A \cap A^c = \phi$

(10) $A^{cc} = (A^c)^c = A$

(11) $\phi^c = E$, $E^c = \phi$

(12) $A \subset B$ ならば $A^c \supset B^c$

(13) $(A \cup B)^c = A^c \cap B^c$, $(A \cap B)^c = A^c \cup B^c$ (de Morgan の法則)
この法則は任意個についても成立．

$$\left(\bigcup_{\lambda \in \Lambda} A_\lambda\right)^c = \bigcap_{\lambda \in \Lambda} A_\lambda{}^c, \quad \left(\bigcap_{\lambda \in \Lambda} A_\lambda\right)^c = \bigcup_{\lambda \in \Lambda} A_\lambda{}^c$$

§3　写像の基本的な性質

集合 X から集合 Y の**中へ**[3]**の写像** f とは，X の一つの元に Y の一つの元が対応することである．ここで写像である資格は X のどの元に対しても Y の一つの元が対応していて，その元は X の元を一つ定めたときは唯一

1) この法則が成立するので，$\cup A_i$ とか $\cap A_i$ 等とかける．
2) 普通の演算では $(a+b)c = ac+bc$ は成立するが，$(ab)+c = (a+c)(b+c)$ は成立しない．
3) **中へ**のという言葉は特に必要で，into の写像として後記の**上へ**の写像 (onto) と区別する．

つに限ることである（図3-1）．もっとわかり易くいえば，Xの一つの元からは唯一本の手しか出ていないし，また必ず一本の手は出ていることである．相手のYの方の元には一つの元に何本もの手が集まってもよいし，また，一つも手がこない元があってもよいのである．

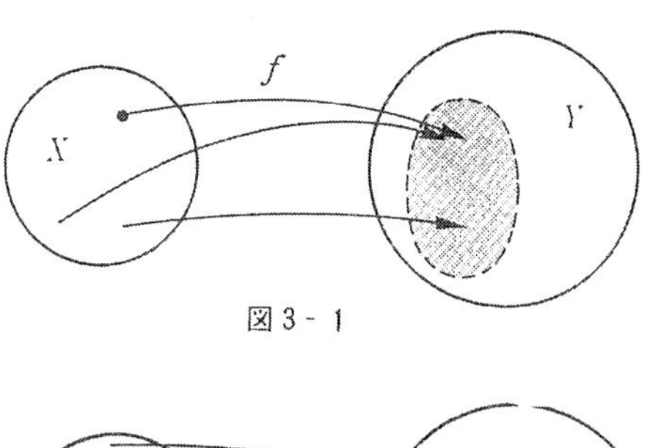

図3-1

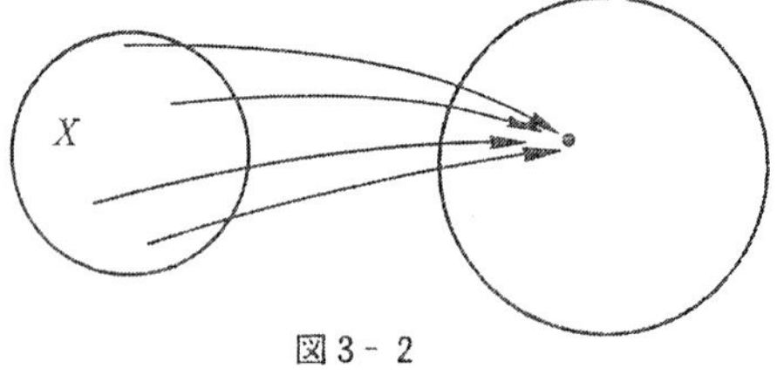

図3-2

右の図3-2は写像ではあるが，図3-3は写像にならない．例えば$y=x^2$は実数の全体$\boldsymbol{R}$から（これがXに当る）実数$\boldsymbol{R}$（Yに当る）の中への写像であるが，$y^2=x$は実数$\boldsymbol{R}$から実数$\boldsymbol{R}$への写像ではない．何故なら，xは$\boldsymbol{R}$のすべてではあり得ない．$x\geqq 0$である．それでは$y^2=x$は$X=\{x|x\geqq 0\}$から$\boldsymbol{R}$への写像かというと，これでもまだ写像にはならない．それは一つの0でない元$x(\in X)$に対応して$\boldsymbol{R}$で$\sqrt{x}$と$-\sqrt{x}$の二つの元が対応する．すなわちxから2本の手が出るからである．

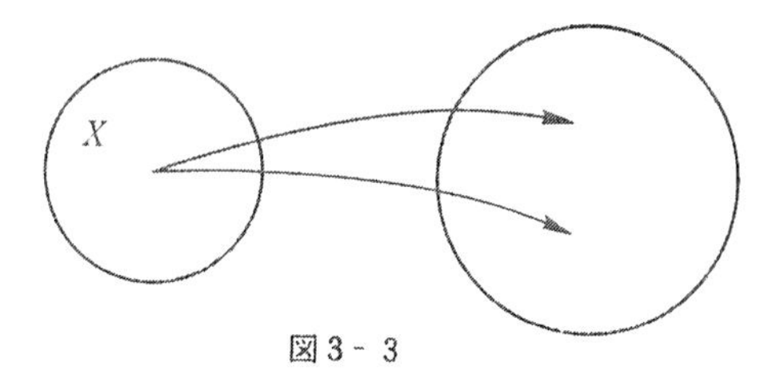

図3-3

XからYの中への写像fに対してXを**定義域**，Yの部分集合$f(X)$[1]を**値域**という．

$Y=f(X)$であるとき，集合Xから集合Yの**上へ**[2]の写像という．あるいは，写像は**全射**であるという．

---

1) $f(X)=\{y|\exists x\in X; f(x)=y\in Y\}$

2) これは，ontoの写像という．intoの写像は，ontoの写像も含んで呼んでいる．

Yの方から見て一つの元に二つ以上の手が来ないとき，すなわちYの元には一つも手がこないか，来ても一つだけであるとき写像fは一対一である，あるいは**単射**であるという（図3-4）．

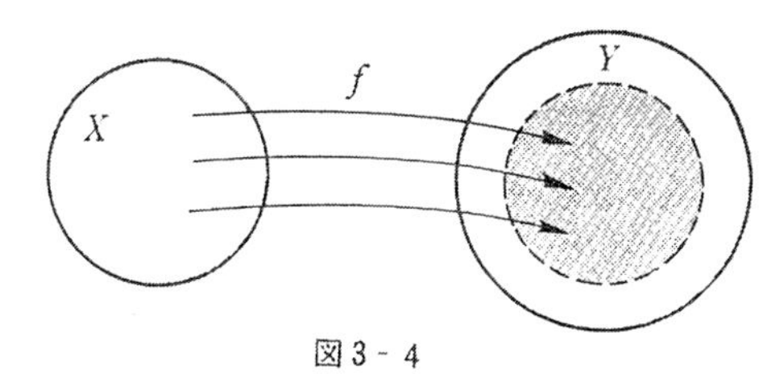

図3-4

一対一，全射であるような写像を**全単射**という．

いま，XからYの中への写像fによってXの元がYの元に対応しているとき，これをそのままYの元のXの元への対応と見ても必ずしも写像でないことは，写像の定義から明らかなことである．そこで，この逆の関係も写像であるための条件を考えてみる．まずYのどの元からも手が出ていなければならないから，全射でなければならない．

つぎに，手は1本しか出せないから単射でなければならない．すなわち全単射であることが必要で，逆に全単射であれば，逆の対応が写像となることは明らかであろう．

ゆえに，つぎの定理が得られる．

［**定理**］**I-3-1**　XからYの中への写像fがあるとき，このXの元とYの元との対応をYからXの中への対応とみて，それが写像であるための必要十分条件はfが全単射であることである．

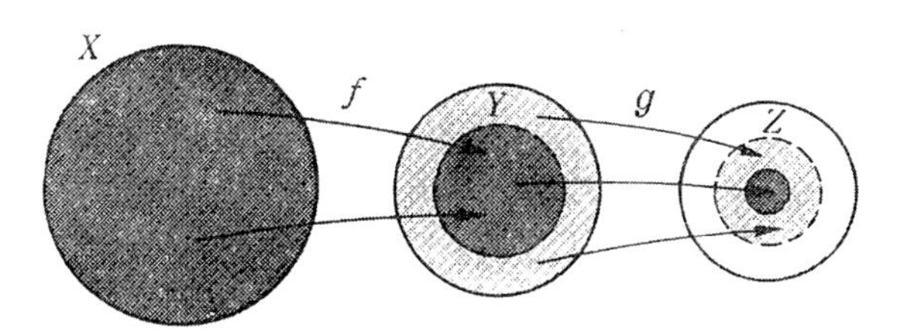

図3-5

このときYからXの上への写像をf^{-1}であらわし，fの**逆写像**という．

XからYの中への写像fがあり，YからZの中への写像gがあるとき（図3-5），Xの元xはfによってYの元yに対応し$y=f(x)$; Yの元yはgによってZの元zに対応し$z=g(y)$; ゆえに，Xの元xはfとg

によって，Z の元 z に対応し $z=g(y)=g(f(x))$.

この対応は写像の定義を満たしていることは容易にわかるので，X から Z の中への一つの写像が与えられたこととなる．これを $z=g\circ f(x)$と書いて，f と g の**合成**という．

さて，X から X の上への写像で x には x を対応させると，勿論全単射となるわけだが，この写像を X の**恒等写像**といい i_X であらわす．いま X から Y への全単射 f が与えられると，$f^{-1}\circ f=i_X$ 及び $f\circ f^{-1}=i_Y$ であることは殆んど明らかであろう．ところが，この逆に当るつぎの定理が成り立つのである．

［**定理**］**I-3-2** fをXからYの中への，gをYからXの中への写像とし $g\circ f=i_X, f\circ g=i_Y$ とすると，写像 f^{-1}, g^{-1} が存在して $f^{-1}=g$，$g^{-1}=f$

（証明）$\forall y\in Y$ に対して，$g(y)=x$ なる $x\in X$ を考える．$g(y)=x$ より $f\circ g(y)=f(x)$ で，$f\circ g=i_Y$ より左辺はyとなり，$y=f(x)$．すなわち，$\exists x\in X; y=f(x)$[1]．このことは，fが全射であることを示す．つぎに，$x_1\neq x_2$ なる x_1, x_2 を X に考える．$f(x_1)=f(x_2)$とすれば$g\circ f(x_1)=g\circ f(x_2)$．ところが，$g\circ f=i_X$ であるから $x_1=x_2$ となり矛盾．

$\therefore$ $f(x_1)\neq f(x_2)$ すなわち f は単射である[2]．

ゆえに，f は全単射で f^{-1} が存在する．（［定理I-3-1］）$y=f\circ f^{-1}(y)=f\circ g(y)$ で f は単射であるから．$f^{-1}(y)=g(y)$．これはすべての y につき成立するから，$g=f^{-1}$ 同様に $f=g^{-1}$．（証明終）

X から Y への写像 f が与えられたとき，一般に f^{-1} という写像はないけれども，いま Y の一つの部分集合 B を考えたとき，X の元 x で $f(x)\in B$ であるようなすべての x の集合を $f^{-1}(B)$ であらわして，これを f による B の**原像**という．これは Y の任意の部分集合に対して，一意に定まる(図3-6).

集合 X から集合 Y への写像 f に関しては，つぎの性質がある．ただし，$A_1, A_2, \cdots\cdots$ は X の部分集合，$B_1, B_2, \cdots\cdots$ は Y の部分集合である．

---

1) 任意の y に対して $y=f(x)$ となるような x が必ずあって，X から Y のすべての元に手が来ていることを示す．

2) $f(x_1)$ にも $f(x_2)$ にも，手は1本しか来ていないことが示された．

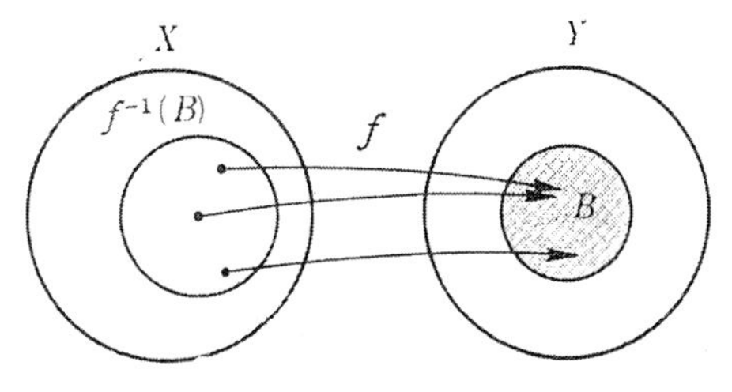

図 3 - 6

(1)　$A_1 \subset A_2$ ならば $f(A_1) \subset f(A_2)$

(2)　$f(A_1 \cup A_2) = f(A_1) \cup f(A_2)$

(3)　$f(A_1 \cap A_2) \subset f(A_1) \cap f(A_2)$[1]

(4)　$B_1 \subset B_2$ ならば $f^{-1}(B_1) \subset f^{-1}(B_2)$

(5)　$f^{-1}(B_1 \cup B_2) = f^{-1}(B_1) \cup f^{-1}(B_2)$

(6)　$f^{-1}(B_1 \cap B_2) = f^{-1}(B_1) \cap f^{-1}(B_2)$[2]

(7)　$f^{-1}(B_1{}^c) = (f^{-1}(B_1))^c$

(8)　$f^{-1}(f(A_1)) \supset A_1$

(9)　$f(f^{-1}(B_1)) \subset B_1$

1）必ずしも，等号が成立しないことに注意してほしい．
2）原像の場合は等号が成立．

第2章　位相空間（その1）

§4　開集合による位相の導入

不充分ながら基礎的知識も整ったので，いよいよ集合にトポロジーを導入する操作をはじめてみよう．

集合 X のすべての部分集合の族 $\mathfrak{P}(X)$[1] の部分集合 $\mathcal{T}$ の元を特に**開集合**と命名しよう．但し，$\mathcal{T}$ はつぎの四つの公理を満たしておらねばならない．

O_1　$\phi \in \mathcal{T}$

O_2　$X \in \mathcal{T}$

O_3　$\forall\lambda \in \Lambda$[2] に対して $O_\lambda \in \mathcal{T}$ ならば $\bigcup_{\lambda\in\Lambda} O_\lambda \in \mathcal{T}$

O_4[3] $i=1, 2, \cdots, n$ に対して $O_i \in \mathcal{T}$ ならば $\bigcap_{i=1}^{n} O_i \in \mathcal{T}$

この $\mathcal{T}$ のことを X の**位相**または**トポロジー**という．

集合 X とトポロジー $\mathcal{T}$ との組 $(X, \mathcal{T})$ を**空間**または**位相空間**といい，空間の元を特に**点**と呼ぶ．開集合とは X の部分集合のうちで特に $\mathcal{T}$ に属するものにつけた名前である．

---

1) 2^X とかく人もある．$\mathfrak{P}(X)$ の元は X の部分集合である．

2) Λ は任意の添字集合，従って O_3 は $\mathcal{T}$ の任意個の和集合がまた $\mathcal{T}$ に属すると述べられる．

3) O_4 は $\mathcal{T}$ の有限個の積集合は $\mathcal{T}$ に属すと述べられる．

例えば $X=\{a, b, c\}$ すなわち, a, b, c 三つの元のみからなる集合を X としよう. $\mathfrak{P}(X)=\{\phi, \{a\}, \{b\}, \{c\}, \{b, c\}, \{c, a\}, \{a, b\}, X\}$[1] である. $\mathfrak{P}(X)$ の部分集合として

$$\mathcal{T}_1=\{\phi, \{a\}, X\}$$
$$\mathcal{T}_2=\{\{a\}, \{a, b\}, X\}$$
$$\mathcal{T}_3=\{\phi, \{a, b\}, \{b, c\}, X\}$$
$$\mathcal{T}_4=\{\phi, \{b\}, \{b, c\}, X\}$$

をとってみよう.

$\mathcal{T}_2$ は O_1 を満たさないからトポロジーではない. $\mathcal{T}_1$ は O_1, O_2 を満たしている. O_3 は $\phi\cup\{a\}=\{a\}\in\mathcal{T}_1$, $\phi\cup X=X\in\mathcal{T}_1$, $\{a\}\cup X=X\in\mathcal{T}_1$, $\phi\cup\{a\}\cup X=X\in\mathcal{T}_1$, であるから満たされている. O_4 は $\phi\cap\{a\}=\phi\in\mathcal{T}_1$, $\phi\cap X=\phi\in\mathcal{T}_1$, $\{a\}\cap X=\{a\}\in\mathcal{T}_1$, $\phi\cap\{a\}\cap X=\phi\in\mathcal{T}_1$ であるから満たされている. ゆえに $\mathcal{T}_1$ はトポロジーである. したがって $(X, \mathcal{T}_1)$ は位相空間であって ϕ と $\{a\}$ と X とだけがこの空間の開集合である.

$\mathcal{T}_3$ は O_1, O_2, O_3 は満たされているが $\{a, b\}\cap\{b, c\}=\{b\}$ が $\mathcal{T}_3$ の元ではないので, O_4 は満たされない. したがってトポロジーにはならない.

$\mathcal{T}_4$ は O_1, O_2 は満たされていて, O_3 は $\phi\cup\{b\}=\{b\}$, $\phi\cup\{b, c\}=\{b, c\}$, $\phi\cup X=X$, $\{b\}\cup\{b, c\}=\{b, c\}$, $\{b\}\cup X=X$, $\{b, c\}\cup X=X$, $\phi\cup\{b\}\cup\{b, c\}=\{b, c\}$, $\phi\cup\{b\}\cup X=X$, $\phi\cup\{b, c\}\cup X=X$, $\{b\}\cup\{b, c\}\cup X=X$, $\phi\cup\{b\}\cup\{b, c\}\cup X=X$ であって何れも $\mathcal{T}_4$ の元となるから満たされている. 同様に O_4 も満たされていることを容易に知ることが出来るからトポロジーとなる. $(X, \mathcal{T}_4)$ の開集合は ϕ と $\{b\}$ と $\{b, c\}$ と X であって $(X, \mathcal{T}_1)$ の開集合とは異なる. これは同じ X に異なったトポロジーが入った例である.

つぎに実数にいろいろな位相を考えてみよう.
実数全体の集合を $\boldsymbol{R}$ とし, $\boldsymbol{R}$ の部分集合のうちでつぎの性質をもつものの集りを $\mathcal{T}$ とする.

---

1) $\mathfrak{P}(X)$ の元の個数は $2^3=8$ 一般に n 個の元の集合の部分集合の全体の個数は 2^n

i) $\phi\in\mathcal{T}$　ii) $G\neq\phi$, $G\in\mathcal{T}$ のときは $\forall p\in G$ に対して G のなかに開区間[1] $I=(a, b)$ がとれて，$a<p<b$.

このの $\mathcal{T}$ がトポロジーであることを示そう．

O_1 は i) より明らか．

O_2 は X に当るのが $\boldsymbol{R}$ 全体であるから，$\forall p\in\boldsymbol{R}$ に対して $I=(p-1, p+1)$ をとれば I は開区間で $I\subset\boldsymbol{R}$ となって満たされる．

O_3 については $G_\lambda\in\mathcal{T}$; $\lambda\in\Lambda$ としよう．$\bigcup_{\lambda\in\Lambda}G_\lambda$ の任意の一点を p とする．そのときある λ_0 が Λ に存在して $p\in G_{\lambda_0}$. $G_{\lambda_0}\in\mathcal{T}$ であるから，$I=(a, b)\ni p$ が存在して $I\subset G_{\lambda_0}$. $\therefore$ $I\subset G_{\lambda_0}\subset\bigcup_{\lambda\in\Lambda}G_\lambda$. ゆえに $\bigcup_{\lambda\in\Lambda}G_\lambda\in\mathcal{T}$ したがって，O_3 は満たされる．

O_4 については，$G_i\in\mathcal{T}$; $i=1, 2, \cdots, n$ としよう．$\bigcap_{i=1}^{n}G_i$ が ϕ であるなら i) によって $\bigcap_{i=1}^{n}G_i=\phi\in\mathcal{T}$. そこで $\bigcap_{i=1}^{n}G_i\neq\phi$ としよう．$\forall p\in\bigcap_{i=1}^{n}G_i$ とするとどの i に対しても $p\in G_i$ で $G_i\in\mathcal{T}$ より $I_i=(a_i, b_i)\ni p$ が存在する．$a_1, a_2, \cdots, a_n$ は有限個で何れも p より小さいから，このなかに最大数が存在する．$\max(a_1, a_2, \cdots, a_n)=a$ とする．同様に $b_1, b_2, \cdots, b_n$ のなかに最小数が存在する．$\min(b_1, b_2, \cdots, b_n)=b$ とする．このとき，$a<p<b$ で $I=(a, b)$ とすると，すべての i に対して $a_i\leqq a<p<b\leqq b_i$ であるから $I_i\supset I\ni p$ この I をとると，$p\in I\subset I_i\subset G_i$ がすべての i に対して成り立つ．$\therefore$ $p\in I\subset\bigcap_{i=1}^{n}G_i$. ゆえに $\bigcap_{i=1}^{n}G_i\in\mathcal{T}$. すなわち，$O_4$ が満たされる．

それで，$\mathcal{T}$ はトポロジーで $(\boldsymbol{R}, \mathcal{T})$ は位相空間となる．このトポロジーを $\boldsymbol{R}$ の **u-トポロジー**[2] (usual topology) といって，G を $\boldsymbol{R}$ の **u-開集合** (u-open set) という．この意味を強調して，今後この $\mathcal{T}$ を u とかき $\boldsymbol{R}$ を普通の意味で位相空間と考えるとき，$(\boldsymbol{R}, u)$ と表わすことにしよう．

---

1) 開区間は普通の意味での開区間で開集合かどうかはまだわからない．これは順序だけで定め得る．すなわち　$(a, b)=\{x\mid a<x<b\}$

2) $\boldsymbol{R}$ の最も普通の意味のトポロジーと云うことである．

このuを一寸変えて $I=(a, b)$ と開区間をとるところを $J=[a, b)$[1]という半開区間をとると，異なったトポロジーが得られることは同様に示される．このトポロジーは**φ-トポロジー**と呼ばれ，その元は**φ-開集合**(φ-open set)といい，$(\boldsymbol{R}, \varphi)$ は $\boldsymbol{R}$ から出来る $(\boldsymbol{R}, u)$ とは異なった位相空間である．

$(\boldsymbol{R}, u)$ の開集合 G をとってくると，$\forall p\in G$ に対して $I=(a, b)\ni p$ が G のなかにとれる．いま，$J=[p, b)$ とすると $J\subset I\subset G$ であるから G は φ-開集合でもある．従って u-トポロジーの方が φ-トポロジーより粗(アラ)く，u-トポロジーの持つ性質は φ-トポロジーはそなえているが，φ-トポロジーの持つ性質の或るものは u-トポロジーは持っていない．例えば $(\boldsymbol{R}, u)$ の閉集合[2]は $(\boldsymbol{R}, \varphi)$ でも閉集合であるけれども，$(\boldsymbol{R}, \varphi)$ の閉集合 $\left\{1-\frac{1}{n};\ n\in\boldsymbol{N}\right\}$ は $(\boldsymbol{R}, u)$ では閉集合にはならない．このことは，数列 $\left\{1-\frac{1}{n}\right\}$ の極限点は u-トポロジーでは0で，φ-トポロジーでは存在しないことより知られる．(後述)

任意の集合 X に対して，二つの全く自然に入るトポロジーがある．その一つは**離散トポロジー**[3]と呼ばれるもので X の部分集合のすべて $\mathfrak{P}(X)$ を $\mathcal{T}$ とするのである．これがトポロジーであることは殆んど明らかであろう．これを $\mathfrak{D}$ であらわし，空間 $(X, \mathfrak{D})$ を**離散空間**という．もう一つは**密着トポロジー**[4]と呼ばれるもので，$\mathcal{T}$ としては ϕ と X だけをとる．これもまたトポロジーになることは明らかであろう．これを $\mathfrak{I}$ であらわし，空間 $(X, \mathfrak{I})$ を**密着空間**という．集合 X に導入するトポロジーのうち，$\mathfrak{I}$ は最も粗(アラ)いもの，$\mathfrak{D}$ は最も精密なものである．

一般に二つのトポロジー $\mathcal{T}_1$, $\mathcal{T}_2$ があって，集合として(あるいは集合族として) $\mathcal{T}_1\supset\mathcal{T}_2$ であるとき $\mathcal{T}_2$ は $\mathcal{T}_1$ より**粗い**，$\mathcal{T}_1$ は $\mathcal{T}_2$ より**精密**であるという．

---

1) $[a, b)=\{x \mid a\leqq x<b\}$
2) 開集合の補集合
3) discrete topology
4) indiscrete topology

$\boldsymbol{R}$ に今わかっただけで四つのトポロジーが入る．$\mathfrak{I}, \mathfrak{D}, u, \varphi$ であって，前に示したことから明らかに $\mathfrak{I} \subset u \subset \varphi \subset \mathfrak{D}$.

粗いトポロジーで区別されないような点の近さも精密なトポロジーでは区別され，従って $\mathfrak{D}$ トポロジーではすべての点が遠く（近くなく）なってしまうのである．後で述べる距離を考えると $\mathfrak{D}$ トポロジーでは x と y が異なるならば x と y の距離はいつでも1（つまり近くはない）とすることが出来るのである．それにひきかえ，$\mathfrak{I}$ ではすべての点が近く，距離は全部0となってしまうのである．

もう少し位相空間の例をあげよう．

自然数の集合 $\boldsymbol{N}$ の部分集合族 $\mathcal{T}$ を i) $\phi \in \mathcal{T}$ ii) $G \neq \phi$ で $G \in \mathcal{T}$ ならば $G = \{n, n+1, n+2, \cdots\}$ なる型の集合と定めると $\mathcal{T}$ はトポロジーとなる．

それは O_1 は i) であるし，O_2 は ii) の G で $n=1$ とすると $G=\boldsymbol{N}$ となり $\boldsymbol{N} \in \mathcal{T}$ となる．次に $G_\lambda \in \mathcal{T}$，$\lambda \in \Lambda$ とする．

$G_\lambda = \phi$ か $G_\lambda = \{n_\lambda, n_\lambda + 1, \cdots\}$，そこで $\{n_\lambda\}$ を考えるとこれは $\boldsymbol{N}$ の部分集合であるから最小数が存在する[1]．この最小数を n_{λ_0} とすると対応する G_{λ_0} があって，任意の λ に対して $n_{\lambda_0} \leqq n_\lambda$．したがって $G_{\lambda_0} \supset G_\lambda$ ゆえに，$\bigcup_{\lambda \in \Lambda} G_\lambda = G_{\lambda_0} \in \mathcal{T}$ すなわち，O_3 が満たされる．また，$G_i \in \mathcal{T}$ $(i=1, 2, \cdots, m)$ とすると，$G_i = \{n_i, n_i+1, n_i+2, \cdots\}$ $\{n_i\}$ は自然数の有限集合であるから最大数 n_0 が存在して，任意の n_i に対して $n_i \leqq n_0$．対応する G_i, G_0 を考えると，$G_i \supset G_0$．ゆえに $\bigcap_{i=1}^{m} G_i = G_0 = \{n_0, n_0+1, \cdots\}$ したがって，$G_0 \in \mathcal{T}$．すなわち，O_4 が満たされる．

今度は X を無限個の集合として，部分集合族 $\mathcal{T}$ を i) $\phi \in \mathcal{T}$ ii) $G \neq \phi$ で $G \in \mathcal{T}$ ならば G^c[2] は有限個の集合と定めると $\mathcal{T}$ はトポロジーとなる．それはつぎのように示される．

O_1 は i) そのまま．O_2 は $G=X$ とおくと，$G^c = \phi$ これは有限個の集合

1) 自然数の基本的性質
2) G の補集合すなわち $G^c = X - G$

(定義)であるから, $G=X\in\mathcal{T}$. つぎに, $G_\lambda\in\mathcal{T}$, $\lambda\in\Lambda$ とする. $\{\bigcup_{\lambda\in\Lambda}G_\lambda\}^c=\bigcap_{\lambda\in\Lambda}G_\lambda{}^c$ [1] であって, 一つの G_λ を勝手にきめてから固定すると, $\bigcap_{\lambda\in\Lambda}G_\lambda{}^c\subset G_\lambda{}^c$ で $G_\lambda{}^c$ は有限個, 従ってその部分集合である $\bigcap_{\lambda\in\Lambda}G_\lambda{}^c$ すなわち $\{\bigcup_{\lambda\in\Lambda}G_\lambda\}^c$ が有限個. $\therefore\bigcup_{\lambda\in\Lambda}G_\lambda\in\mathcal{T}$. O_3 が示された. また $G_i\in\mathcal{T}$, $i=1, 2, \cdots, n$ とする. $G_i{}^c$ は有限個であるから, その元を $a_{i1}, a_{i2}, \cdots, a_{im_i}$ とする. $\{\bigcap_{i=1}^{n}G_i\}^c=\bigcup_{i=1}^{n}G_i{}^c$ [2] $=\bigcup_{i=1}^{n}\{a_{i1}, a_{i2}, \cdots, a_{im_i}\}$ この右辺は多くとも $m_1+m_2+\cdots+m_n$ 個の元からなるから有限個である. $\therefore\bigcap_{i=1}^{n}G_i\in\mathcal{T}$. すなわち, O_4 は満たされる.

さて, 二つの位相空間 $(X, \mathcal{T})$ と $(Y, \mathcal{T}')$ に集合 X から集合 Y の中への写像 f を考えよう. これは集合から集合への写像であるから, トポロジー $\mathcal{T}$ と $\mathcal{T}'$ に関しては f によって写されるか写されないかは何もきまらない. $\mathcal{T}$ の開集合 O は f によって Y の部分集合 O' に写像されるが, $O'\in\mathcal{T}'$ とは限らない. しかし写像によっては, $\mathcal{T}$ に属するどんな O に対しても必ず $O'=f(O)$ が $\mathcal{T}'$ に属することがある. このような写像 f のことを**開写像**という. また, 写像 f は必ずしも逆写像 f^{-1} を持たないけれども, Y の部分集合 O' の元を像として持つような X の元の集りを考えることは出来る. これを $f^{-1}(O')$ とする[3]. $f^{-1}(O')$ は f による O' の原像といい, $f^{-1}(O')=\{x\,|\,\exists y\in O'; f(x)=y\}$.

---

1) De-Morgan の法則より
2) De-Morgan の法則より
3) 逆写像, $f^{-1}(O')$ については第1章§3参照. 図示すれば

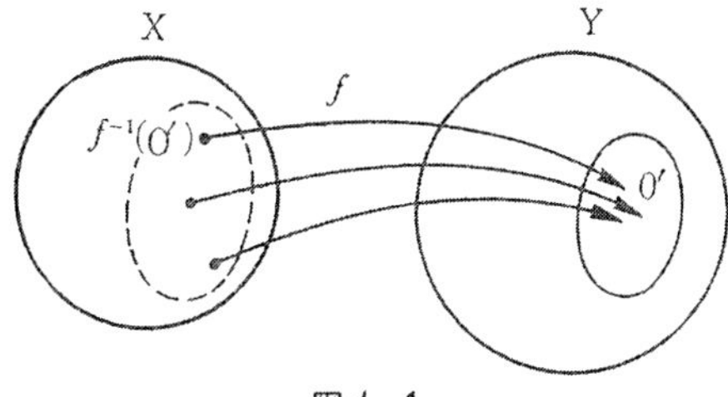

図4-1

さて，$O' \in \mathfrak{T}'$ なる O' の原像 $f^{-1}(O')$ は必ずしも $\mathfrak{T}$ の元とは限らない．しかし写像によっては，$\mathfrak{T}'$に属するどんな O' に対しても必ず $f^{-1}(O')$ が $\mathfrak{T}$ に属することがある．このような写像 f のことを**連続写像**という．

fが全単射で，開かつ連続写像であるときfは**位相写像**[1] となって，〝ゴムを引き裂くことなく，伸ばしたり，縮めたり〟することに相当する．

fが全単射であるとは，一対一に対応し，かつ対応しない点がないことであるから，XとYと点同士として過不足なく対応することである．fが開写像であるとは，Xの開集合にはYの開集合が一つ対応し，勿論Xの開集合が異なるとYの対応する開集合が異なるから，Yの開集合はXの開集合より多い（正しくは 少くない）ということである．fが連続写像であるというのはYの開集合にはXの開集合が一つ対応し，Yの開集合が異なるとXの対応する開集合が異なるから，Xの開集合はYの開集合より多い（正しくは 少くない）ということである．

従って，X と Y とに位相写像fが存在するということは，X と Y は点同士として過不足なく対応するばかりでなく，空間として，開集合が過不足なく対応することであり，言い換えれば位相的に見ると，空間Xも空間Yも同じものだということである．

$(X, \mathfrak{T})$ と $(Y, \mathfrak{T}')$ に位相写像が少くも一つあるとき，この二つの空間は**位相同型**[2] であるといい，$(X, \mathfrak{T}) \approx (X, \mathfrak{T}')$ とかく．

例えば $X=\{a, b, c\}$，$Y=\{p, q, r\}$ として $\mathfrak{T}=\{\phi, \{a\}, \{b, c\}, X\}$，$\mathfrak{T}'=\{\phi, \{r\}, \{p, q\}, Y\}$ とするとき，写像fを $f(a)=r$, $f(b)=p$, $f(c)=q$ と定めれば，f は全単射で，$f(\phi)=\phi$, $f(\{a\})=\{r\}$, $f(\{b, c\})=\{p, q\}$, $f(X)=Y$ であるからfは開写像になり，$f^{-1}(\phi)=\phi$, $f^{-1}(\{r\})=\{a\}$, $f^{-1}(\{p,q\})=\{b,c\}$, $f^{-1}(Y)=X$ であるからfは連続写像となり，従ってfは位相写像で $(X, \mathfrak{T})$ と $(Y, \mathfrak{T}')$ は位相同型である．これは，Xの a, b, c をそれぞれ，p, q, r と書き換えたものに過ぎない．$\mathfrak{T}'$ に別のトポロジー $\mathfrak{T}''=\{\phi, \{r\}, Y\}$を考えるとき，$(X, \mathfrak{T})$ と$(Y, \mathfrak{T}'')$ は位相同型には

1) 第1章§1
2) homeomorph

ならない．$(X, \mathcal{T})$ から $(Y, \mathcal{T}'')$ への写像のうち，全単射なものだけしらべればよいが，明らかに $a \xrightarrow{f} r$ でなければならないが，あとは $b \xrightarrow{f} p$, $c \xrightarrow{f} q$ であるものと，$b \xrightarrow{f} q$, $c \xrightarrow{f} p$ であるものとしかなく，そのどれをとってみても開写像にはならない．（上の場合，どちらも連続写像ではある．）従って位相写像とはならず，$(X, \mathcal{T})$, $(Y, \mathcal{T}'')$ は位相同型ではないのである．

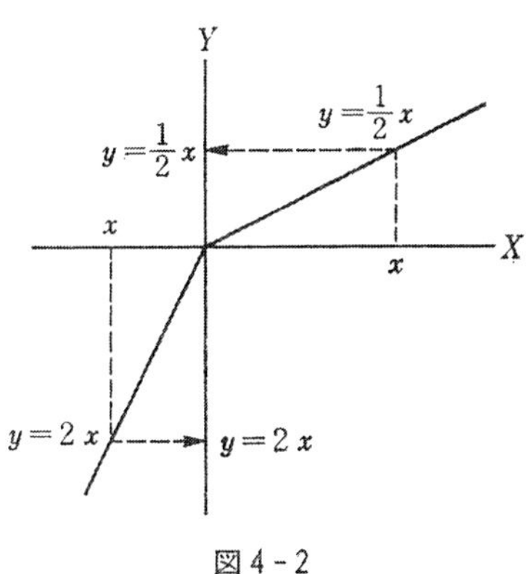

図4－2

また，X, Y ともに $\boldsymbol{R}$ として，f を $x<0$ のときは，$f(x)=2x$, $x \geqq 0$ のときは $f(x)=\frac{1}{2}x$ とすると，f は位相写像となり，従って，(X, u_X)[1] $\approx (Y, u_Y)$（図4-2）この写像 f が全単射であることは明らかであろう．$G_x \in u_X$ なる任意の X の部分集合 G_x をえらび，G_x の f による像 $f(G_x)$ を G_y とする（図4-3）．G_y の任意の点を q とし，q の f による原像を $f^{-1}(q)=p$ とすると，$q>0$ なら $p=2q>0$, $q=0$ ならば $p=0$, $q<0$ なら $p=\frac{1}{2}q<0$．そこでどの場合も同様であるから $q>0$ としてみよう．$p=2q>0$ で $p \in G_x \in u_X$ であるから p を含む開区間 $I=(a, b)$ がとれて $0<a<p<b$ かつ $I \subset G_x$．ゆえに $f(p)=q \in f(I)=J=\left(\frac{1}{2}a, \frac{1}{2}b\right) \subset G_y$．これは $G_y \in u_Y$ なることを示す．このことは写像 f が開写像なることを示す．f が連続写像であることも殆んど同様に示

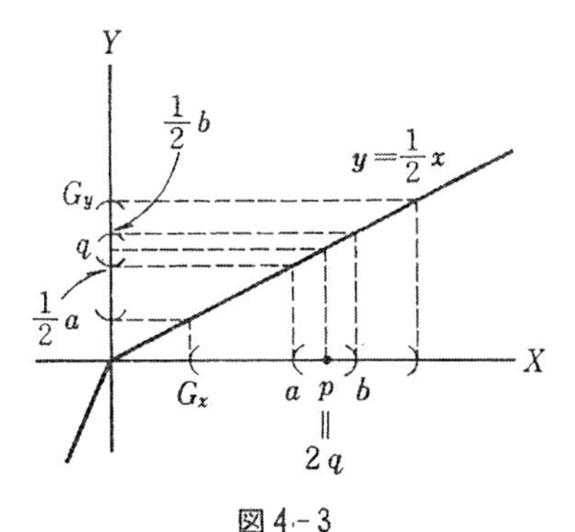

図4－3

1) u_X, u_Y は usual topology

されるから，f は位相写像であって，従って (X, u_X) と (Y, u_Y) とは位相同型となる．

この場合に (X, u_X)，(Y, u_Y) は実は全く同じ空間（$\boldsymbol{R}$ に usual topology u を入れたもの）であり，従って u_X も u_Y も実は同じ集合族なのであるが，f によって対応するとき有限個の空間の例（上例）のように，同一の点に同一の点は必ずしも対応せず[1]，開集合も同じものに対応するわけではない．しかし，点同士も開集合同士も過不足なく対応するのである．

さて，先にも示したように位相空間 $(X, \mathcal{T})$ で $G \in \mathcal{T}$ なるとき $F = X - G$ を X の**閉集合**[2] という．或は $\mathcal{T}$-**閉集合**という．

例えば，$X = \{a, b, c\}$ で $\mathcal{T} = \{\phi, \{a\}, X\}$ とした空間 $(X, \mathcal{T})$ においては閉集合は X, $\{b, c\}$, ϕ の3個となる．

$(\boldsymbol{R}, u)$ において，開区間 $(a, b) = \{p \in \boldsymbol{R}\,;\, a < p < b\}$ が開集合になることは，任意の (a, b) の点 x に対して，x を含み (a, b) に含まれる開区間として (a, b) 自身をとることより明らかである．閉区間 $[a, b] = \{p \in \boldsymbol{R}\,;\, a \leqq p \leqq b\}$ はどうだろうか．$\boldsymbol{R} - [a, b] = \{\bigcup_{n=1}^{\infty} ([a] - n, a)\} \cup \{\bigcup_{m=1}^{\infty} (b, [b] + m)\}$ と表わされて，$([a] - n, a)$ と $(b, [b] + m)$ は開集合であるから，$\boldsymbol{R} - [a, b]$ は開集合，従って $[a, b]$ は閉集合となる．

$(\boldsymbol{R}, \varphi)$ は $(\boldsymbol{R}, u)$ より精密であるから $[a, b]$ は $(\boldsymbol{R}, \varphi)$ の閉集合でもある．また，離散空間 $(X, \mathfrak{D})$ ではすべての部分集合は閉集合であり，密着空間 $(X, \mathfrak{I})$ では ϕ と X だけが閉集合である．

われわれははじめに集合 X の部分集合族 $\mathfrak{P}(X)$ の部分族 $\mathcal{T}$ で公理 O_1, O_2, O_3, O_4 を満たすものを X の位相と定めて，位相空間 $(X, \mathcal{T})$ を定義したが，これは位相の第一概念として開集合を選んだとき，位相空間を定義する方法である．そこで，今度は第一概念として閉集合を選ぶと，どんな公理が要請されて，そして開集合によって導入された位相とどんな関係にあるかをみよう．

---

1) $f(0) = 0$ だけは特別
2) closed set

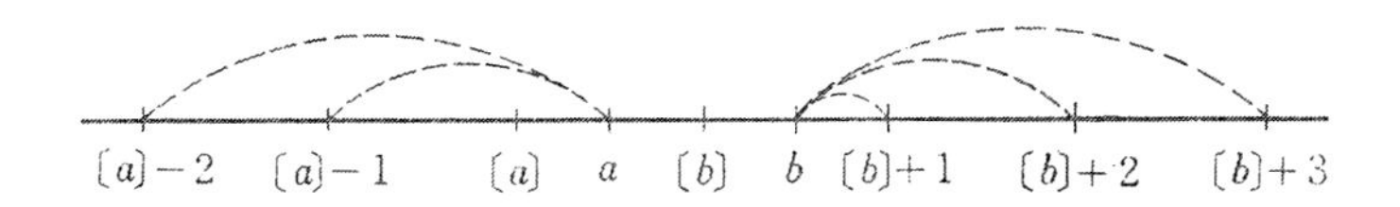

図4－4

集合 X のすべての部分集合族 $\mathfrak{P}(X)$ の部分族 $\mathfrak{F}$ の元を特に**閉集合**と命名する．但し $\mathfrak{F}$ はつぎの四つの公理をみたすものとする．

F₁　$\phi\in\mathfrak{F}$

F₂　$X\in\mathfrak{F}$

F₃　$F_i\in\mathfrak{F}$; $i=1, 2, 3, \cdots, n$ ならば $\bigcup_{i=1}^{n} F_i\in\mathfrak{F}$

F₄　$\forall\lambda\in\Lambda$, $F_\lambda\in\mathfrak{F}$ ならば $\bigcap_{\lambda\in\Lambda} F_\lambda\in\mathfrak{F}$

この $\mathfrak{F}$ を X の**位相**といい，X と $\mathfrak{F}$ との組 $(X, \mathfrak{F})$ を**位相空間**という．位相空間 $(X, \mathfrak{F})$ で $F\in\mathfrak{F}$ なるとき，$G=X-F$ を X の**開集合**という．あるいは $\mathfrak{F}$-**開集合**という．

このように定義された位相空間と，さきに定義した位相空間との間にはつぎの定理が成り立つ．

［定理］II-4-1　位相空間 $(X, \mathfrak{T})$ において $\mathfrak{T}$ のすべての元の補集合の集合を $\mathfrak{F}$ とする．$\mathfrak{F}$ は上記の公理 F_1, F_2, F_3, F_4 を満たす．この $\mathfrak{F}$ によって導入された位相空間 $(X, \mathfrak{F})$ において，$\mathfrak{F}$ のすべての元の補集合の集合は $\mathfrak{T}$ である．

［定理］II-4-2　位相空間 $(X, \mathfrak{F})$ において $\mathfrak{F}$ のすべての元の補集合の集合を $\mathfrak{T}$ とする．$\mathfrak{T}$ は公理 O_1, O_2, O_3, O_4 を満たす．この $\mathfrak{T}$ によって導入された位相空間 $(X, \mathfrak{T})$ において，$\mathfrak{T}$ のすべての元の補集合の集合は $\mathfrak{F}$ である．

上の二つの定理の証明のうち，$\mathfrak{T}$ が O_3, O_4 を満たすことと，$\mathfrak{F}$ が F_3, F_4 を満たすことの相互関係はつぎのように De Morgan の法則から導かれる．F_3 は $F_i\in\mathfrak{F}$ ならば $\bigcup_{i=1}^{n} F_i\in\mathfrak{F}$ であるが，このことは $X-F_i=G_i$ とすると $G_i\in\mathfrak{T}$ ならば $\bigcup_{i=1}^{n}(X-G_i)\in\mathfrak{F}$ となって $X-\bigcup_{i=1}^{n}(X-G_i)\in\mathfrak{T}$ この左辺が $\bigcap_{i=1}^{n}(X-(X-G_i))$ であるから $\bigcap_{i=1}^{n} G_i$ となって O_4 が導かれる．

これは逆もいえるから $F_3 \rightleftarrows O_4$ 同様に $F_4 \rightleftarrows O_3$. この2定理は位相が開集合によって導入されても，閉集合によって導入されても同等であることを示す.

位相空間 X の部分集合 A につぎのようにごく自然に位相を導入することが出来る.

Xの位相を $\mathcal{T}$ とし，$\mathcal{T}_A=\{O\cap A \mid O\in\mathcal{T}\}$ とする. $\mathcal{T}_A$ は Aに対して位相であることは容易に証明出来る. このとき $(A, \mathcal{T}_A)$ を $(X, \mathcal{T})$ の**部分空間**といい，$\mathcal{T}_A$ を $\mathcal{T}$ のAにおける**相対位相**という.

練習問題

1. つぎのXとそれに対応する部分集合族 $\mathcal{T}$ の組で開集合による位相空間となるものはどれか.

　i) $X=\{a, b, c, d\}$　$\mathcal{T}=\{\phi, \{a, b\}, \{c, d\}, X\}$

　ii) $X=\{a, b, c, d\}$　$\mathcal{T}=\{\phi, \{a\}, \{b, c, d\}, \{a, b, c\}, X\}$

　iii) X；すべての整数の集合
　$\mathcal{T}$；$\mathcal{T}$ の集合Gは $G=\phi$ か $G\neq\phi$ ならば $\forall p\in G$ なるとき $p, p\pm2, p\pm4, \cdots, p\pm2n, \cdots\in G$ なる集合

　iv) X；無限集合　$\mathcal{T}$；X または有限部分集合

　v) X；無限集合　$\mathcal{T}$；ϕ または補集合が可附番である集合

2. つぎのXとそれに対応する部分集合族 $\mathfrak{F}$ の組で閉集合による位相空間となるものはどれか.

　i) $X=\{a, b, c\}$　$\mathfrak{F}=\{\phi, \{a\}, \{b, c\}, X\}$

　ii) $X=\{a, b, c\}$　$\mathfrak{F}=\{\phi, \{a\}, \{c\}, X\}$

　iii) X; すべての自然数の集合
　$\mathfrak{F}$; ϕ とXおよび $\{1, 2, \cdots, n\}$ なる形の集合

3. つぎに与えた空間 $(X, \mathcal{T}_X)$ から空間 $(Y, \mathcal{T}_Y)$ への写像のうち，開写像であるものはどれか，連続写像はどれか，また，位相写像はどれか.

　i) $(X, \mathcal{T}_X)$；X は $\boldsymbol{R}$, $\mathcal{T}_X$ は usual topology
　$(Y, \mathcal{T}_Y)$；Y は $\boldsymbol{R}$, $\mathcal{T}_Y$ は usual topology

$$f(x)=\begin{cases} x^2 & (x\geqq 0) \\ -x^2 & (x<0) \end{cases}$$

ii)　$(X, \mathcal{T}_X)$; X は $\boldsymbol{R}$, $\mathcal{T}_X$ は密着位相

$(Y, \mathcal{T}_Y)$; Y は $\boldsymbol{R}$, $\mathcal{T}_Y$ は離散位相

$$f(x)=\begin{cases} 0 & (x \text{ は有理数}) \\ 1 & (x \text{ は無理数}) \end{cases}$$

iii)　$(X, \mathcal{T}_X)$; $X=\{a, b, c\}$, $\mathcal{T}_X=\{\phi, \{a, b\}, \{c\}, X\}$

$(Y, \mathcal{T}_Y)$; Y は $\boldsymbol{R}$, $\mathcal{T}_Y$ は usual topology

$f(a)=f(b)=0$, $f(c)=1$

iv)　$(X, \mathcal{T}_X)$; $X=\{a, b, c\}$, $\mathcal{T}_X=\{\phi, \{a, b\}, \{c\}, X\}$

$(Y, \mathcal{T}_Y)$; Y は $\boldsymbol{R}$, $\mathcal{T}_Y$ は離散位相

$f(a)=0$　$f(b)=1$, $f(c)=2$

練習問題の略解

1. i), iii), v)
2. i), iii)
3. 開写像 i) ii) iv)　連続写像 i) iii)　位相写像 i)

第3章　位相空間（その2）

§5　閉苞(へいほう)による位相の導入

先に位相の第一概念として開集合をえらんで位相空間を定義した．それにはつぎの公理 O_1～O_4 の充足が要求されたわけである．

O_1　$\phi\in\mathfrak{T}$

O_2　$X\in\mathfrak{T}$

O_3　$\forall\lambda\in\Lambda$; $O_\lambda\in\mathfrak{T}$ ならば $\bigcup_{\lambda\in\Lambda}O_\lambda\in\mathfrak{T}$

O_4　$O_i\in\mathfrak{T}$; $i=1, 2, 3, \cdots, n$ ならば $\bigcap_{i=1}^{n}O_i\in\mathfrak{T}$

この公理をみたす集合 X の部分集合族 $\mathfrak{T}$ が topology であり，$(X, \mathfrak{T})$ が位相空間であった．開集合の補集合を閉集合と呼ぶと閉集合族 $\mathfrak{F}$ はつぎの性質 F_1～F_4 を持つ．

F_1　$\phi\in\mathfrak{F}$

F_2　$X\in\mathfrak{F}$

F_3　$F_i\in\mathfrak{F}$; $i=1, 2, 3, \cdots, n$ ならば $\bigcup_{i=1}^{n}F_i\in\mathfrak{F}$

F_4　$\forall\lambda\in\Lambda$, $F_\lambda\in\mathfrak{F}$ ならば $\bigcap_{\lambda\in\Lambda}F_\lambda\in\mathfrak{F}$

そこで，この閉集合を第一概念とし，F_1～F_4 を公理とするとき，閉集合の補集合を開集合と呼べば，開集合族は性質 O_1～O_4 を満たすので，この閉集合を出発点としても位相空間が得られて，それははじめの位相空間であることは既に示した[1].

この考え方は重要であって，第一概念として開集合，閉集合のほかにまだいろいろな概念が選べて，何れも同等な位相空間が得られる．そのうち重要なもののいくつかを紹介しよう．

§4の最後に用いたように，第一概念が開集合である位相空間で或概念(この場合には閉集合)を定義し，その性質を挙げ，この第二概念を第一概念としたときにそれによって第一概念(この場合には開集合)がどのように定義され，それはどのような性質を持つか(この場合は公理 $O_1 \sim O_4$ が満たされるかどうか)を論じていこうと思う．

最初 Kuratowski(クラトフスキー) によって導入された閉苞 (closure) を取り上げよう．

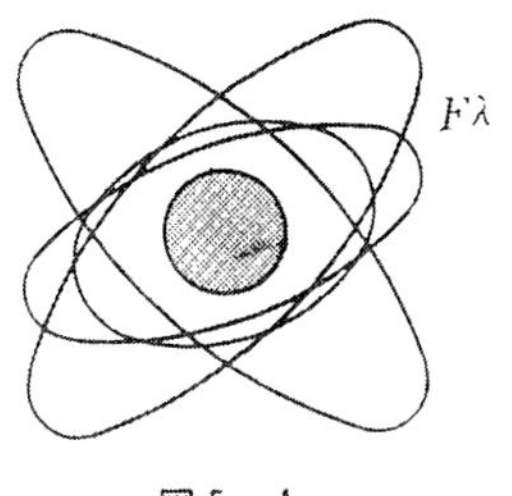

図5－1

$(X, \mathfrak{T})$ を位相空間とし，AをXの任意の部分集合としよう．このときAを含む閉集合の族全体を$\{F_\lambda;\ F_\lambda \supset A,\ \lambda \in \Lambda\}$とする．$X$は閉集合で $X \supset A$ であるから $\{F_\lambda;\ F_\lambda \supset A,\ \lambda \ni \Lambda\}$ は ϕ ではない．閉集合がみたすべき性質 $F_1 \sim F_4$ のうちの F_4 によって，$\{F_\lambda;\ F_\lambda \supset A,\ \lambda \in \Lambda\}$ のすべての F_λ の交わり $\bigcap_{\lambda \in \Lambda} F_\lambda$ は閉集合で勿論 A を含む．この $\bigcap_{\lambda \in \Lambda} F_\lambda$ をAの**閉苞** (closure) といい，$\bar{A}$[2] であらわす．$\bar{A}$はAを含む最小の閉集合である．閉苞についてはつぎの定理が成り立つ．

［**定理**］**II-5-1**　A, B を $(X, \mathfrak{T})$ の部分集合とするとき

[**K. 1**]　$\bar{\phi} = \phi$

[**K. 2**]　$A \subset \bar{A}$

[**K. 3**]　$\bar{\bar{A}} = \bar{A}$[3]

[**K. 4**]　$\overline{A \cup B} = \bar{A} \cup \bar{B}$

1) §4［定理］II-4-1 及び II-4-2．
2) A に対応する一つの集合という意味で $f(A)$ と表わすことがある．
3) $\bar{\bar{A}}$ は $\overline{(\bar{A})}$ のこと．

（証明） [K. 1] ϕは閉集合だからϕを含む閉集合の一つである．ゆえに$\cap F_\lambda \subset \phi$． また$\phi$はどんな集合にも含まれるから $\cap F_\lambda \supset \phi$ $\therefore$ $\bar{\phi} = \cap F_\lambda = \phi$

[K. 2] $F_\lambda \supset A$ より $\cap F_\lambda \supset A$ $\therefore$ $\bar{A} \supset A$

[K. 3] [K. 2] より $\overline{(\bar{A})} \supset \bar{A}$ すなわち $\bar{\bar{A}} \supset \bar{A}$

また $\bar{A} \supset \bar{A}$ で $\bar{A}$は閉集合 $\therefore$ $\bar{A} \supset \cap \{F_\lambda;\ F_\lambda \supset \bar{A}\} = \bar{\bar{A}}$ ゆえに $\bar{\bar{A}} = \bar{A}$

[K. 4] $A \supset B$ ならば [K. 2] により $\bar{A} \supset A$ であるから $\bar{A} \supset B$ ところが $\bar{A}$ は閉集合であるから B を含む閉集合の一つ． $\therefore$ $\bar{A} \supset \bar{B}$

$A \cup B \supset A$ および $A \cup B \supset B$ から $\overline{A \cup B} \supset \bar{A}$ および $\overline{A \cup B} \supset \bar{B}$

$\therefore$ $\overline{A \cup B} \supset \bar{A} \cup \bar{B}$

ところで $\bar{A} \cup \bar{B}$ は閉集合で $\bar{A} \supset A$, $\bar{B} \supset B$ であるから $\bar{A} \cup \bar{B} \supset A \cup B$

$\therefore$ $\bar{A} \cup \bar{B} \supset \overline{A \cup B}$ $\therefore$ $\overline{A \cup B} = \bar{A} \cup \bar{B}$. （証明終）

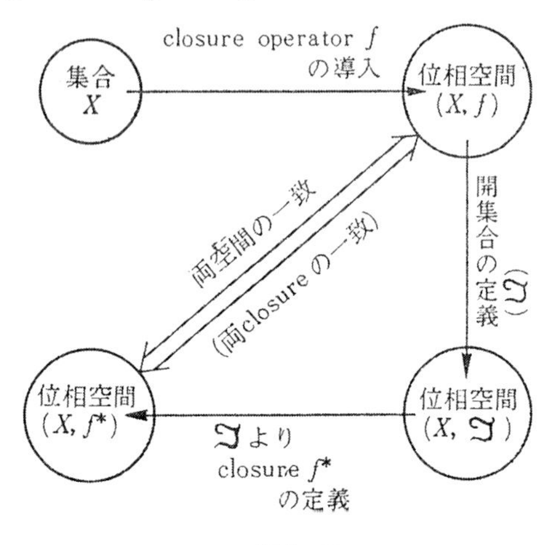

図5-2

[K. 1] から [K. 4] を Kuratowski の Closure Axioms という．いまXのすべての部分集合 $\mathfrak{P}(X)$ から $\mathfrak{P}(X)$ の中への写像 $\mathfrak{P}(X) \xrightarrow{f} \mathfrak{P}(X)$[1] を考えたとき， $A \in \mathfrak{P}(X)$ に対して$f(A) \in \mathfrak{P}(X)$が対応して，

1) $A \in \mathfrak{P}(X)$ に対し $f(A) \in \mathfrak{P}(X)$ を対応させる．$f(A)$ を $\bar{A}$ ともかく．

$f(A)$ が Kuratowski の Closure Axioms を満たすならば，この写像を closure operator という．いま写像ということを強調して $f(A)$ と書いたが，今迄用いていた $\bar{A}$ のことと思ってよい(今後，普通には $\bar{A}$ を用いよう)．

さて，この閉苞を第一概念とし第二概念の開集合を定義し，これによって位相空間を定義し，そこで閉苞を定義して，最初の閉苞と一致するかどうかをみよう．

それには集合 X のすべての部分集合族 $\mathfrak{P}(X)$ から $\mathfrak{P}(X)$ の中への写像 $A\to\bar{A}$ を考え，[K.1]～[K.4] が満たされるとする．すなわちこの写像が closure operator であるとする．$\mathfrak{P}(X)$ の元……つまり X の部分集合で $\bar{F}=F$ となるような集合のすべての族を $\mathfrak{F}$ とする．この $\mathfrak{F}$ が F_1～F_4 を満たすことを示そう．

F_1　$\phi\in\mathfrak{F}$　[K.1] により $\bar{\phi}=\phi$　$\therefore\ \phi\in\mathfrak{F}$

F_2　$X\in\mathfrak{F}$　[K.2] により $\bar{X}\supset X$ また $\bar{X}\subset X$　$\therefore\ \bar{X}=X$　$\therefore\ X\in\mathfrak{F}$

F_3　$F_i\in\mathfrak{F}$ $i=1,2,\cdots,n$ ならば $\bigcup_{i=1}^{n}F_i\in\mathfrak{F}$

$F_1, F_2\in\mathfrak{F}$ とすると $\bar{F_1}=F_1$，$\bar{F_2}=F_2$　[K.4] より $\overline{F_1\cup F_2}=\bar{F_1}\cup\bar{F_2}=F_1\cup F_2$　$\therefore\ F_1\cup F_2\in\mathfrak{F}$

有限個の和については同様に $\overline{\bigcup_{i=1}^{n}F_i}=\bigcup_{i=1}^{n}\bar{F_i}=\bigcup_{i=1}^{n}F_i$ となるから $\bigcup_{i=1}^{n}F_i\in\mathfrak{F}$

F_4　$\forall\lambda\in\Lambda$，$F_\lambda\in\mathfrak{F}$ ならば $\bigcap_{\lambda\in\Lambda}F_\lambda\in\mathfrak{F}$

$F_\lambda\in\mathfrak{F}\ (\lambda\in\Lambda)$ とすると [K.2] によって $\bigcap_{\lambda\in\Lambda}F_\lambda\subset\overline{\bigcap_{\lambda\in\Lambda}F_\lambda}$

また，$F_\lambda=\bar{F_\lambda}$ であって，$\forall\lambda\in\Lambda$ に対して $\bigcap_{\lambda\in\Lambda}F_\lambda\subset F_\lambda$

であるから $\overline{\bigcap_{\lambda\in\Lambda}F_\lambda}\subset\bar{F_\lambda}=F_\lambda$　$\therefore\ \overline{\bigcap_{\lambda\in\Lambda}F_\lambda}\subset\bigcap_{\lambda\in\Lambda}F_\lambda$　$\therefore\ \overline{\bigcap_{\lambda\in\Lambda}F_\lambda}=\bigcap_{\lambda\in\Lambda}F_\lambda$

ゆえに $\bigcap_{\lambda\in\Lambda}F_\lambda\in\mathfrak{F}$

これによって $\mathfrak{F}$ は性質 F_1～F_4 を満たすことがわかったので，$\mathfrak{F}$ の元の補集合を開集合と命名すれば，開集合のすべての族 $\mathfrak{T}$ は公理 O_1～O_4

を満たすことがわかる[1]．

この $\mathcal{T}$ を topology とする位相空間 $(X, \mathcal{T})$ でこの節のはじめに定めたような closure operator $^{-\Delta}$（集合 A に対しては $\overline{A}^{\Delta}$）を定めよう．すなわち $(X, \mathcal{T})$ で任意の部分集合 A に対して A を含む最小の閉集合が $\overline{A}^{\Delta}$ である．

はじめの closure operator $-$ とこの $^{-\Delta}$ が同じものであることを示そう．それには任意の部分集合 A について，$\overline{A}=\overline{A}^{\Delta}$ が示されればよい．

[K.3] によって $\overline{\overline{A}}=\overline{A}$　∴ $\overline{A}\in\mathfrak{F}$ また [K.2] によって $A\subset\overline{A}$ ゆえに $\overline{A}$ は A を含む閉集合となり $\overline{A}^{\Delta}\subset\overline{A}$ さらに [K.2] より $A\subset\overline{A}^{\Delta}$ で $\overline{A}^{\Delta}\in\mathfrak{F}$ だから $\overline{A}\subset\overline{(\overline{A}^{\Delta})}=\overline{A}^{\Delta}$ ∴ $\overline{A}=\overline{A}^{\Delta}$

これを定理の形として述べると

[定理] **II-5-2**　集合 X に closure operator $-$ を導入し，X の部分集合 F で $\overline{F}=F$ であるような集合の補集合の族を $\mathcal{T}$ とする．$\mathcal{T}$ は X の topology であって，$\mathcal{T}$ によって closure operator $^{-\Delta}$ を定めると任意の $A\subset X$ に対して $\overline{A}=\overline{A}^{\Delta}$

X と closure operator f との組 (X, f)[2] をやはり位相空間と呼ぶことにしよう．

Kuratowski の公理は大変わかり易く，きれいな形であるが，これをもっと数少ない式で表現しようとした研究が沢山ある．例えばつぎの例は興味深い結果である．

(例)　[K.1]～[K.4] とつぎの公理 [K] とは同値である．

[K]　$A, B\subset X$ なるすべての A, B について　$A\cup\overline{A}\cup\overline{\overline{B}}=\overline{A\cup B}-\overline{\phi}$

(証明)　[K.1]～[K.4] から [K] の証明

[K] の左辺 $=A\cup\overline{A}\cup\overline{B}$　([K.3] より)

$=\overline{A}\cup\overline{B}$　([K.2] より)

$=\overline{A}\cup\overline{B}-\phi$

---

1) [定理] II-4-2.

2) f のことを $-$ として $(X, -)$ としてもよい．

$=\bar{A}\cup\bar{B}-\bar{\phi}$ ([K. 1] より)

$=\overline{A\cup B}-\bar{\phi}$ ([K. 4] より)

$=$[K] の右辺

[K] から [K. 1]〜[K. 4] の証明

[K] において A=B=ϕ とすると $\phi\cup\bar{\phi}\cup\bar{\bar{\phi}}=\overline{\phi\cup\phi}-\bar{\phi}$ 右辺$=\bar{\phi}-\bar{\phi}=\phi$

∴ 左辺の $\bar{\phi}$ も $\bar{\bar{\phi}}$ も ϕ の部分集合 ∴ $\bar{\phi}\subset\phi$. ϕ はすべての部分集合の部分集合であることより $\phi\subset\bar{\phi}$ であるから $\bar{\phi}=\phi$ すなわち [K. 1]

[K] において $B=\phi$ とおくと

$\bar{\bar{\phi}}=(\overline{\bar{\bar{\phi}}})=\bar{\phi}=\phi$ であるから $A\cup\bar{A}=\bar{A}$ ∴ $A\subset\bar{A}$ すなわち [K. 2]

[K] において $A=B$ とおくと

左辺$=A\cup\bar{A}\cup\bar{\bar{A}}=\bar{\bar{A}}$ ([K. 2] を用いた.)

右辺$=\overline{A\cup A}-\bar{\phi}=\bar{A}$ ([K. 1] を用いた.)

∴ $\bar{\bar{A}}=\bar{A}$ すなわち [K. 3]

[K] において $\bar{\phi}=\phi$, $A\subset\bar{A}$, $\bar{\bar{B}}=\bar{B}$ ([K.1], [K.2], [K.3]) であるから

左辺$=\bar{A}\cup\bar{B}$, 右辺$=A\cup B$ すなわち [K. 4] (証明終)

練習問題 1

1. i) $X=\{a, b, c, d\}$, $\mathcal{T}=\{\phi, \{a, b\}, \{c, d\}, X\}$ なる位相空間 $(X, \mathcal{T})$ において $\overline{\{a\}}$, $\overline{\{a, b\}}$, $\overline{\{a, b, c\}}$ は何か.

   ii) $X=\{$すべての自然数$\}$, $\mathcal{T}=\{\phi, \{n, n+1, \cdots$(無限)$\}$ の形の集合$\}$ なる位相空間 $(X, \mathcal{T})$ において $\{1, 2, 3\}$, $\{1, 3, 5\}$, $\{4, 8, 10\}$, $\{30, 31, 32, \cdots$(無限)$\}$ の閉苞は何か.

2. $X=\{a, b, c\}$で $\bar{\phi}=\phi$, $\overline{\{a\}}=\{a, b\}$, $\overline{\{b\}}=\{b\}$, $\overline{\{c\}}=\{b, c\}$ としたとき, この関係を含むように closure operator—を定めて $(X, -)$ が位相空間であるように定められることを示せ. また, このとき $\overline{\{a, b\}}$, $\overline{\{b, c\}}$, $\overline{\{c, a\}}$ は何か. Xの開集合族 $\mathcal{T}$ はどうなるか.

3. $(\boldsymbol{R}, u)$ と $(\boldsymbol{R}, \varphi)$ とを実数 $\boldsymbol{R}$ で考えた usual topology, φ-topology の空間とするとき, 各空間でつぎのものは何か.

   i) $\overline{(1, 2)}$, $\overline{[1, 2)}$, $\overline{(1, 2]}$, $\overline{[1, 2]}$

ii） $\overline{\left\{\frac{1}{n};\ n=1, 2, \cdots\right\}}$ iii） $\overline{\left\{1-\frac{1}{n};\ n=1, 2, \cdots\right\}}$

§6 近傍（きんぼう）による位相の導入

今度は第一概念として**近傍**（neighborhoods）という概念を考えることにしよう．これは文字通り一つの点の近所近辺に当る点の集合はどんなものかということを規定するものであって最も直観的に把え易い概念といえよう．

しかし，われわれの抽象的な議論では随分予想に反したものが出現するのである．

最初に従来から取り扱って来た第一概念を開集合とした位相空間において，近傍なる概念を定めてその性質を調べてみよう．

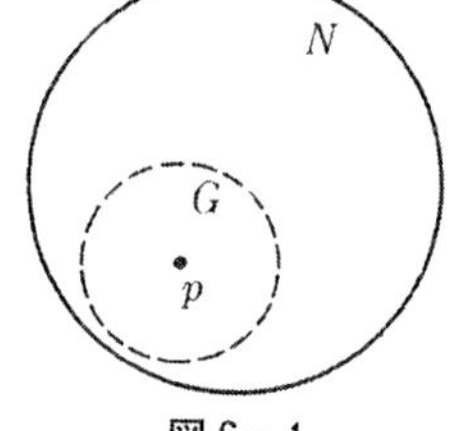

図6-1

$(X, \mathcal{T})$ を位相空間として，$\forall p \in X$ とする．pを含むXの或部分集合Nを考えたとき，適当な開集合Gがあって，$p \in G \subset N$ とすることが出来るときNをpの $\mathcal{T}$-**近傍**（$\mathcal{T}$-nbd）という．$\mathcal{T}$-nbd は必ずしも $\mathcal{T}$-open ではなく，また，任意の $\mathcal{T}$-open set G を考えると $\forall p \in G$ に対してGはpの $\mathcal{T}$-nbd となっていることは明らかであろう．

$X=\{a, b, c\}$ $\mathcal{T}=\{\phi, \{a\}, X\}$ とするとき，$(X, \mathcal{T})$ の各点 a, b, c の $\mathcal{T}$-nbd は何であろうか．a の $\mathcal{T}$-nbd は $\{a\}, \{a, b\}, \{a, c\}, X$ の4個の集合であるが，b と c についてはXだけしか $\mathcal{T}$-nbd とはいえない．$X=\{a, b, c\}$ でも $\mathcal{T}=\{\phi, \{a\}, \{a, b\}, X\}$ の場合はaの $\mathcal{T}$-nbd は前と同じ $\{a\}, \{a, b\}, \{a, c\}, X$ であり，c については X だけであるが，b の $\mathcal{T}$-nbd は $\{a, b\}$ とXになる．

開集合がϕとXだけの密着空間ではどの点の近傍もXだけであるし，すべての部分集合が開集合である離散空間では，その点を含む任意の集合が近傍となる．実数を基盤とする二つの位相空間 $(\boldsymbol{R}, u)$ と $(\boldsymbol{R}, \varphi)$[1] では，それぞれの点を含む開区間を含む集合と半開区間を含む集合とが近傍である．

---

1) §4参照．

さて，近傍に関してはつぎの定理が成り立つ．

［定理］II-6-1　$(X, \mathcal{T})$ を位相空間とするとき X の部分集合 A が $\mathcal{T}$-open であるための必要十分な条件は A がその各点の近傍を含んでいることである．

（証明）A が各点の近傍を含むとすれば，$\forall p \in A$ に対して，p の近傍 N_p が存在して $N_p \subset A$．従って $\mathcal{T}$-open の集合 G_p が存在して $p \in G_p \subset N_p \subset A$．

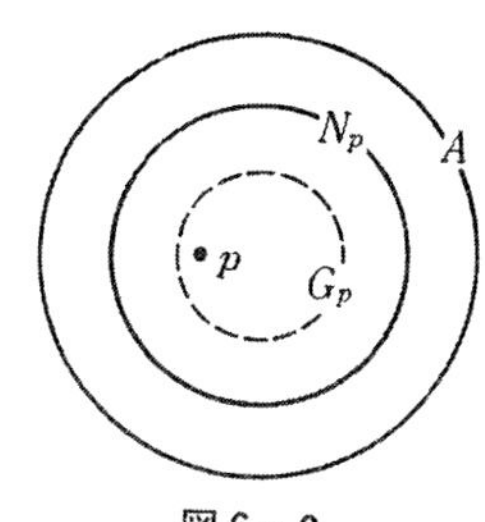

図 6－2

そこで，$G = \cup\{G_p ; p \in A\}$ とすると開集合の公理 O_3 によって G は $\mathcal{T}$-open で $p \in A$ ならば $p \in G$ であるから $A \subset G$．また，$x \in G$ とすると或 G_p が存在して $x \in G_p$，しかも $p \in G_p \subset A$ ゆえに $x \in A$，これより $G \subset A$ すなわち $A = G$ 従って A は $\mathcal{T}$-open．逆に A が $\mathcal{T}$-open とすれば $\forall p \in A$ に対して $p \in A \subset A$ だから A は p の $\mathcal{T}$-nbd で $A \subset A$ より A は各点の近傍を含む．（証明終）

［定理］II-6-2　$(X, \mathcal{T})$ を位相空間とし，X の各点 p に対し $\mathfrak{u}_p$ を p の $\mathcal{T}$-nbd の族とする．そのとき，

N_1；$U \in \mathfrak{u}_p$ ならば $p \in U$

N_2；$U \in \mathfrak{u}_p$, $V \in \mathfrak{u}_p$ ならば $U \cap V \in \mathfrak{u}_p$

N_3；$U \in \mathfrak{u}_p$, $U \subset V$ ならば $V \in \mathfrak{u}_p$

N_4；$U \in \mathfrak{u}_p$ ならば U に含まれる一つの p の nbd V が存在して，$\forall q \in V$ に対して V は q の $\mathcal{T}$-nbd となる．

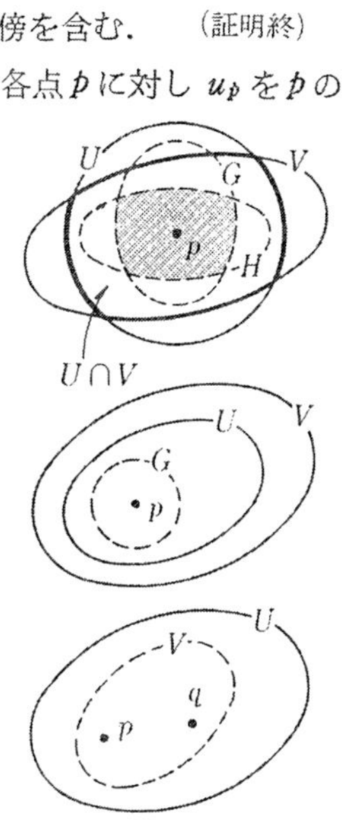

図 6－3

（証明）N_1 は nbd の定義より明らか．

N_2；$U, V \in \mathfrak{u}_p$ より $\mathcal{T}$-open な集合 G, H が存在して

$p \in G \subset U$ かつ $p \in H \subset V$　$\therefore p \in G \cap H$ で $G \cap H$ は $\mathcal{T}$-open（O_4 による）かつ $G \cap H \subset U \cap V$　$\therefore U \cap V \in \mathfrak{u}_p$　N_3；$U \in \mathfrak{u}_p$ より $\mathcal{T}$-open の集合 G が存在して $p \in G \subset U$

ところが $U\subset V$ であるから $p\in G\subset V$ ゆえに $V\in u_p$ N_4; $U\in u_p$ より $\mathcal{T}$-open な V が存在して $p\in U\subset V$ この V は［定理］II-6-1 により V の各点の $\mathcal{T}$-nbd となっている．すなわち $\forall q\in V$ に対して q の $\mathcal{T}$-nbd である．（証明終）

さて，上には開集合を第一概念とし近傍を第二概念とするとき近傍は性質 N_1, N_2, N_3, N_4 を持つことを示した．

そこで，これを例によって，逆にたどって近傍を第一概念とし N_1, N_2, N_3, N_4 を公理にとって，この構造をもつ集合 X を位相空間[1]（X, N）と呼び，第二概念の開集合を定義する．この開集合によって X は位相空間（X, $\mathcal{T}$）となる．（X, $\mathcal{T}$）で近傍をこの節のはじめのように定義したとき，この近傍の全体……近傍系は第一概念としてとった近傍と全く同じものであることが示される．

［定義］ 集合 X の各点 p に対してつぎの条件を満足する空でない X の部分集合族を対応させこれを u_p とする．u_p の元を p の**近傍**（nbd）という．

N_1; $U\in U_p$ ならば $p\in U$

N_2; $U, V\in u_p$ ならば $U\cap V\in u_p$

N_3; $U\subset u_p$, $U\subset V$ ならば $V\in u_p$

N_4; $U\in u_p$ ならば U に含まれる u_p の一つの元 V が存在して $\forall q\in V$ に対して $V\in u_q$

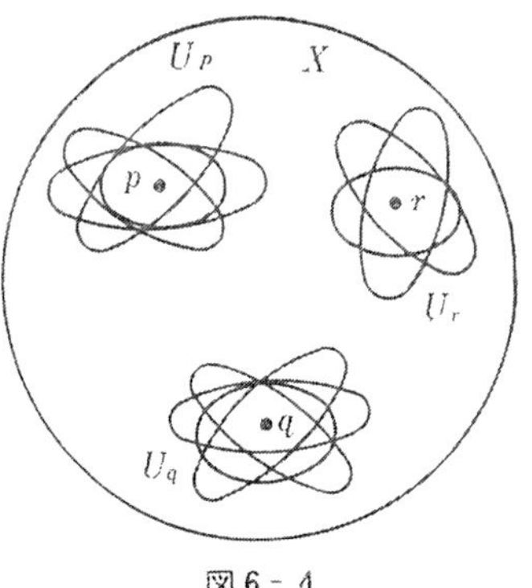

図 6－1

上のように X のすべての点 p に対してそれぞれ u_p を対応させたときこの構造を持った集合 X を**位相空間**（X, N）という．

位相空間（X, N）の部分集合でその各点の近傍となるような集合を**開集合**という．

［定理］II-6-3 位相空間（X, N）の開集合のすべての族 $\mathcal{T}$ は公理 O_1, O_2, O_3, O_4 を満たす．

1）近傍空間と呼ぶことがある．

（証明） O_1; $\phi\in\mathcal{T}$ の証

$\phi\ni p$ ならば $\phi\in u_p$ ゆえに $\phi\in\mathcal{T}$[1]

O_2; $X\in\mathcal{T}$ の証

$\forall p\in X$ に対して，$u_p\neq\phi$ であるから $U\in u_p$ なる U が存在し $U\subset X$ だから N_3 により $X\in u_p$ $\therefore$ $X\in\mathcal{T}$

O_3; $\forall\lambda\in\Lambda$; $G_\lambda\in\mathcal{T}$ ならば $\bigcup_{\lambda\in\Lambda}G_\lambda\in\mathcal{T}$ の証

いま $\forall\lambda\in\Lambda$; $G_\lambda\in\mathcal{T}$ とする．$\forall p\in\bigcup_{\lambda\in\Lambda}G_\lambda$ に対して或 α が Λ のなかにあって $p\in G_\alpha$ ところで $G_\alpha\in\mathcal{T}$ であるから G_α はその各点の nbd 従って $G_\alpha\in u_p$ また $G_\alpha\subset\bigcup_{\lambda\in\Lambda}G_\lambda$ であるから N_3 により $\bigcup_{\lambda\in\Lambda}G_\lambda\in u_p$ ゆえに $\bigcup_{\lambda\in\Lambda}G_\lambda\in\mathcal{T}$

O_4; $G_i\in\mathcal{T}$ $i=1, 2, \cdots, n$ ならば $\bigcap_{i=1}^{n}G_i\in\mathcal{T}$ の証

この場合 $n=2$ の場合について証明すれば充分である．いま，$G_1, G_2\in\mathcal{T}$ としよう．$p\in G_1\cap G_2$ ならば $p\in G_1$ かつ $p\in G_2$. $\mathcal{T}$ のきめ方より G_1, $G_2\in u_p$ であるから N_2 より $G_1\cap G_2\in u_p$ $\therefore$ $G_1\cap G_2\in\mathcal{T}$ （証明終）

この定理により $(X, \mathcal{T})$ は開集合を第一概念とした位相空間となり $\mathcal{T}$ はその topology である．

［定理］II-6-4 ［定理］II-6-3 で定まった位相空間 $(X, \mathcal{T})$ の任意の点 p に $\mathcal{T}$-nbd の集合族 $u_p{}^\Delta$ を定めると $u_p{}^\Delta=u_p$

（証明） $U\in u_p{}^\Delta$ とすると $G\in\mathcal{T}$ なる G が存在して $p\in G\subset U$ $\mathcal{T}$ の定義より $p\in G$ ならば $G\in u_p$ また N_3 より $G\subset U$ であるから $U\in u_p$ $\therefore$ $u_p{}^\Delta\subset u_p$

$U\in u_p$ とする．U を nbd とする点のすべての集合を G とする．p はこのような点であるから $p\in G$. また N_1 によって明らかに $G\subset U$

いま，$q\in G$ とすると $U\in u_q$ N_4 によって V が存在して $V\in u_q$ でありかつ $V\subset U$ さらに $\forall r\in V$ に対して $V\in u_r$ である．$\therefore$ $U\in u_r$. G の定

---

1) 一般に命題 "A ならば B" で A が偽であれば B の真偽にかかわらず "A ならば B" は真である．ここで ϕ は点を含まないから $p\in\phi$ は偽であり従って "$p\in\phi$ ならば $\phi\in u_p$" は真となって $\phi\in\mathcal{T}$ となる．（N_1 による）

義から $U \in u_r$ より $r \in G$ ゆえに $V \subset G$． ∴ N_3 より $G \in u_q$ ∴ $G \in \mathcal{T}$ ∴ $U \in u_p{}^{\varDelta}$ すなわち $u_p \subset u_p{}^{\varDelta}$ ∴ $u_p = u_p{}^{\varDelta}$ （証明終）

練習問題 2

1. つぎの各空間の指定された点の近傍を列挙せよ．

　i） $X=\{a, b, c, d\}$ $\mathcal{T}=\{\phi, \{a, b\}, \{c, d\}, X\}$ の a と d の近傍．

　ii） $X=\{$自然数全体$\}$ $\mathcal{T}=\{\phi$ と $\{n, n+1, \cdots\cdots$（無限）$\}$ の形の集合$\}$ の点 3 と 5 の近傍．

　iii） $X=\{$実数全体$\}$ $\mathcal{T}=\{\phi$ と補集合が有限集合なる集合$\}$ の点 0 と $\sqrt{2}$ の近傍．

2. 近傍を第一概念とし，公理 N_1, N_2, N_3, N_4 を満たすものとする．第二概念の閉苞を $X \supset A$ なる A の $\bar{A}$ とは X の点 p で u_p の任意の元 U が A と交わるような p の集りと定めるとき， $A \xrightarrow{f} \bar{A}$ は closure operator となることを示せ．つぎに，(X, f) において $A=\bar{A}$ なる集合の補集合の族を開集合と定め，これにより点の近傍 $u_p{}^f$ をきめると，任意の点 p に対して，$u_p{}^f = u_p$ なることを示せ．

3. 閉苞を第一概念とし，第二概念に近傍系を取ったとき，上と同様の議論の展開を試みよ．

練習問題 1 の略解

1. の i） $\overline{\{a\}}=\{a, b\}$，$\overline{\{a, b\}}=\{a, b\}$，$\overline{\{a, b, c\}}=X$

　ii） $\overline{\{1, 2, 3\}}=\{1, 2, 3\}$，$\overline{\{1, 3, 5\}}=\{1, 2, 3, 4, 5\}$，$\overline{\{4, 8, 10\}}=\{1, 2, 3, 4, 5, 6, 7, 8, 9, 10\}$，$\overline{\{30, 31, 32, \cdots(\text{無限})\}}=X$

2. 定めることができる． $\overline{\{a, b\}}=\{a, b\}$，$\overline{\{b, c\}}=\{b, c\}$，$\overline{\{c, a\}}=X$ $\mathcal{T}=\{\phi, X, \{a\}, \{c\}, \{a, c\}\}$

3. i） u-topology では $\overline{(1, 2)}=\overline{[1, 2)}=\overline{(1, 2]}=\overline{[1, 2]}=[1, 2]$ φ-topology では $\overline{(1, 2)}=\overline{[1, 2)}=[1, 2)$ $\overline{(1, 2]}=\overline{[1, 2]}=[1, 2]$

　ii） u-topology でも φ-topology でも $\{0\} \cup \left\{\frac{1}{n};\ n=1, 2, \cdots\right\}$

　iii） u-topology では $\left\{1-\frac{1}{n};\ n=1, 2, \cdots\right\} \cup \{1\}$ φ-topology では

$$\left\{1-\frac{1}{n}\,;\ n=1, 2, \cdots\right\}$$

練習問題 2 の略解

1. の **i**) $u_a=\{\{a, b\}, X\}$, $u_d=\{\{c, d\}, X\}$

ii) $u_3=\{\{1, 2, 3, \cdots\}, \{2, 3, \cdots\}, \{1, 3, 4, \cdots\}, \{3, 4, \cdots\}\}$ $u_5=\{\{5, 6, \cdots\}, \{1, 5, 6, \cdots\}, \{2, 5, 6, \cdots\}, \{3, 5, 6, \cdots\}, \{4, 5, 6, \cdots\}, \{1, 2, 5, 6, \cdots\}, \{1, 3, 5, 6, \cdots\}, \{1, 4, 5, 6, \cdots\}, \{2, 3, 5, 6, \cdots\}, \{2, 4, 5, 6, \cdots\}, \{3, 4, 5, 6, \cdots\}, \{1, 2, 3, 5, 6, \cdots\}, \{1, 3, 4, 5, 6, \cdots\}, \{2, 3, 4, 5, 6, \cdots\}, \{1, 2, 3, 4, 5, 6, \cdots\}\}$

iii) $u_0=\{\{$0を含み補集合が有限集合$\}\}$ $u_{\sqrt{2}}=\{\{\sqrt{2}$ なる集合2を含み補集合が有限集合になる集合$\}\}$

第４章　分離公理（その１）

§7　$\boldsymbol{T}, \boldsymbol{T}_0, \boldsymbol{T}_1$ 空間

われわれは第１章と第２章で位相空間とは何であるかを知った．すなわち，開集合で導入する場合には集合 X に X の部分集合の族 $\mathcal{T}$ でつぎの四つの公理を満たすものを定めて，$\mathcal{T}$ の要素を**開集合**と名づけた．

O_1　$\phi \in \mathcal{T}$.

O_2　$X \in \mathcal{T}$.

O_3　$\forall\lambda \in \Lambda,\ O_\lambda \in \mathcal{T}$　ならば　$\bigcup_{\lambda \in \Lambda} O_\lambda \in \mathcal{T}$.

O_4　$O_i \in \mathcal{T};\ i=1, 2, \cdots, n$　ならば　$\bigcap_{i=1}^{n} O_\lambda \in \mathcal{T}$.

このとき $(X, \mathcal{T})$ を**位相空間**と呼んだ[1]．

同様に閉集合で位相を導入するには X の集合族 $\mathcal{F}$ で

F_1　$\phi \in \mathcal{F}$.

F_2　$X \in \mathcal{F}$.

F_3　$F_i \in \mathcal{F};\ i=1, 2, \cdots, n$　ならば　$\bigcup_{i=1}^{n} F_i \in \mathcal{F}$.

F_4　$\forall\lambda \in \Lambda,\ F_\lambda \in \mathcal{F}$　ならば　$\bigcap_{\lambda \in \Lambda} F_\lambda \in \mathcal{F}$,

を満たすものを定め，$\mathcal{F}$ の要素を**閉集合**と名づける．$(X, \mathcal{F})$ をやはり位相空間と呼ぶ[2]．$(X, \mathcal{T})$ と $(X, \mathcal{F})$ との関係は［定理］Ⅱ-4-1，Ⅱ-4-2

1）第２章§４のはじめ参照
2）第２章§４の終りの部分参照

であった.

また，で$(X, \mathcal{T})$任意の集合Aを含むすべての閉集合の交わりを$\bar{A}$とし，これをAの**閉苞**と呼ぶと，閉苞に関してはクラトフスキーの四つの公理

[K.1]　$\bar{\phi}=\phi$.

[K.2]　$A\subset\bar{A}$.

[K.3]　$\bar{\bar{A}}\subset\bar{A}$.

[K.4]　$\overline{A\cup B}=\bar{A}\cup\bar{B}$,

が満たされる．この逆に$A\subset X$なる部分集合に対応して$\bar{A}$なる他のXの部分集合(同じでもよい)を定め，これが[K.1], [K.2], [K.3], [K.4]をみたすようにするとき，$\bar{A}=A$であるような部分集合の族を$\mathcal{F}$と定める．この$\mathcal{F}$に属する元の補集合からなる族を$\mathcal{T}$とすることによって，位相空間$(X, \mathcal{T})$が得られる[1]．

近傍系で位相を導入するにはつぎの四つの公理をみたすようなXの部分集合の族$\mathcal{U}_p$をXの点pの**近傍系**といい，その要素を点pの**近傍** (**nbd**)と呼ぶ.

N_1　$U\in\mathcal{U}_p$　ならば　$p\in U$.

N_2　$U\in\mathcal{U}_p$, $V\in\mathcal{U}_p$　ならば　$U\cap V\in\mathcal{U}_p$.

N_3　$U\in\mathcal{U}_p$, $U\subset V$　ならば　$V\in\mathcal{U}_p$.

N_4　$U\in\mathcal{U}_p$　ならば　Uに含まれる$\mathcal{U}_p$の一つの要素Vが存在してVの任意の要素qに対してVはqの nbd となる.

この近傍系が定義されると，Xの部分集合でその各点に対してその部分集合が近傍となるような部分集合があることがわかり，(たとえばXそれ自身) そのような部分集合を開集合と呼び開集合からなる部分集合の族を$\mathcal{T}$とするとき$\mathcal{T}$はトポロジーとなる[2]．

以上のようにいろいろな概念を第一概念として位相を導入して位相空間を作ったが，それらは相互の適当な変換によって全く同値なものであるこ

---

1) 第2章§5[定理] II-5-2
2) 第2章§6[定理] II-6-3

とも既に述べた[1]．

ところで，集合Xと位相空間Xとの相異は集合Xでは，その要素間には何のつながりもないけれども，位相空間Xでは点同志に近さという構造が入ってくる．たとえば，$(X, \mathcal{T})$ を $X=\{a, b, c\}$，$\mathcal{T}=\{\phi, \{a, b\}, X\}$ としてみるとaとbを含む開集合のなかにはcを含まない$\{a, b\}$があるけれども，aとcを含む開集合はXだけだから必ずbを含む．だから，aとbの関係はaとcの関係よりは近いといえよう．同じ $X=\{a, b, c\}$ でもトポロジーを $\mathcal{T}_1=\{\phi, \{a, c\}, X\}$ とすれば，空間 $(X, \mathcal{T}_1)$ では，aとcの関係の方がaとbの関係より近いといえる．

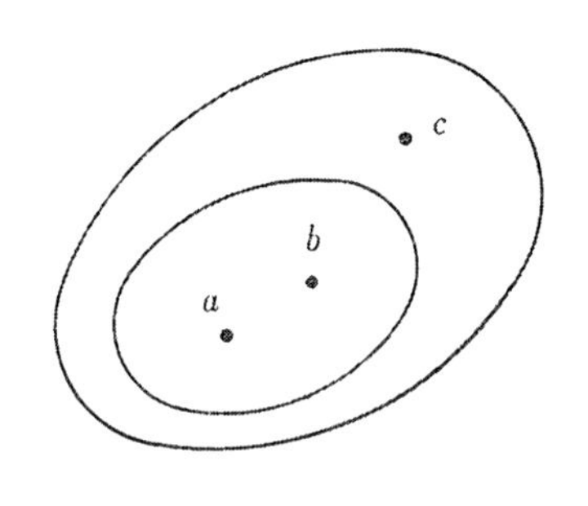

図7－1

では何故この近さなどということを取り立てていうのかといえば，この稿のはじめ[2]にも述べたように本来位相を導入することは数のもつ性質の分析が重要な目的となっている．従って，この近さの段階を順を追って粗いものから密なるものに分類することによって，数のもつ性質のあるものが本質的にどのような構造に依存するかを知ることが出来る．

第2章で導入した位相空間のいろいろな例は位相空間としての最低の条件はともかく備えているものであって，それには大変に粗いものもあればまた非常に密なものもある．

そこでこの第3章においては，この位相空間を粗いものから密なものに幾つかの規準を置いて分類し，その各規準によってどのような性質が生じてくるかを見ようと思う．この規準となるものが**分離公理**と呼ばれるものであるが，これは今迄同一視出来た点を分離して別の点としての性格をそなえさせるという意味にとってよいだろう．また，これからいろいろの分

1) 第2章§4［定理］II-4-2，第2章§5［定理］II-5-2，第2章§6［定理］II-6-3及び II-6-4
2) 第1章§1

離公理を挙げてゆくがこれらは必ずしも包含関係にはなく，たとえば公理 T_i と公理 T_j との間には，図7-2のように T_i が成立する空間は必ず T_j 成立する場合もあれば，図7-3のように T_i, T_j 両性質を兼ね備えた空間もあれば T_i の性質を持って T_j の性質を持たない空間あるいはその逆の場合もあり得るのである．

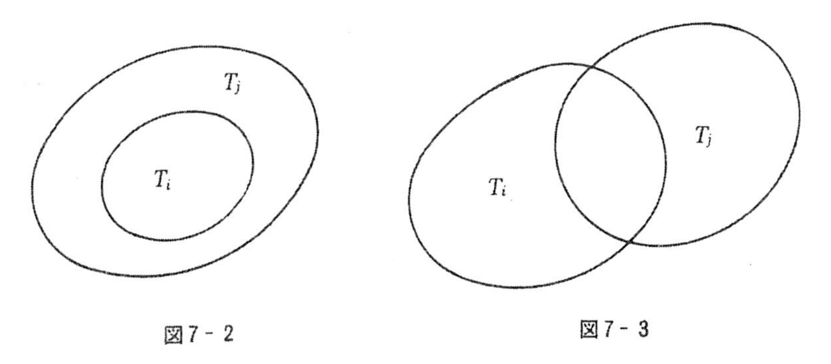

図7-2　　図7-3

この分離公理も第一概念として開集合をとる場合と閉苞をとる場合あるいは近傍をとる場合などそれぞれに応じた表現の仕方がある．本稿では紹介を主としているので，これらを羅列することはやめて，大体は開集合によって導入された位相空間を主に取り扱い，重要なものに限って，閉苞や近傍にふれてゆくことにしよう．

さて，今後いままでの開集合の四つの条件だけを満たすことのみが保証されている空間を **T-空間** と呼ぶことにしよう．普通単に位相空間といえばこの T-空間をさして，他の条件の有無は問わないものである．

まず T-空間にほんの一寸条件を加味した T_0-空間について述べよう．つぎの公理は**コロモゴルフ** (Kolomogorov) **の公理**といわれる．

[公理・T_0]　T-空間 $(X, \mathfrak{T})$ の相異なる任意の2点 x, y に対して，ある $\mathfrak{T}$ の要素すなわち開集合 G が存在して，G は x を含んで y を含まないか，または y を含んで x を含まない[1]．

1）一方だけが保証される．両方が成立しなくともよい．

［**定義**］ T–空間が［公理・T_0］を満たすとき **T_0–空間**という．

T–空間で T_0–空間ではない顕著な例は密着空間である．

T_0–空間を閉包について表現すればつぎのようになる．

［**定理**］**III-7-1**　T–空間 $(X, \mathcal{T})$ が T_0–空間であるための必要十分条件は $(X, \mathcal{T})$ の相異なる任意の2点 x, y に対して $\overline{\{x\}} \neq \overline{\{y\}}$．

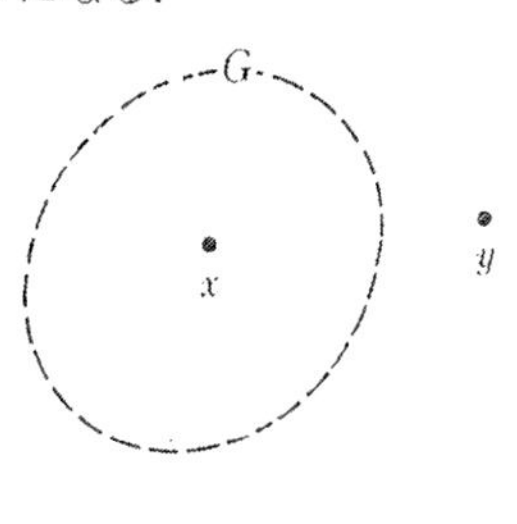

図7-4

（証明）　十分性．

$x \neq y$ のとき $\overline{\{x\}} \neq \overline{\{y\}}$ とする．このとき点 z が存在して，$z \in \overline{\{x\}}$ かつ $z \notin \overline{\{y\}}$ または $z \notin \overline{\{x\}}$ かつ $z \in \overline{\{y\}}$．

前者とするとき，$x \in \overline{\{y\}}$ とすると $\overline{\{x\}} \subset \overline{\overline{\{y\}}} = \overline{\{y\}}$ となって $z \in \overline{\{y\}}$ となるから仮定に反する．

$$\therefore \quad x \notin \overline{\{y\}}$$

$$\therefore \quad (\overline{\{y\}})^c \ni x$$

$\overline{\{y\}}$ は閉集合であるから $(\overline{\{y\}})^c$ は開集合で，しかも $(\overline{\{y\}})^c \not\ni y$．

この $(\overline{\{y\}})^c$ は［公理・T_0］にいう G である．また，後者を仮定しても全く同様に y を含み x を含まない開集合 $(\overline{\{x\}})^c$ が存在する．ゆえに $(X, \mathcal{T})$ は T_0–空間である．

必然性．

T_0–空間であるとし，$x \neq y$ $(x, y \in X)$ とする．いま，$G \in \mathcal{T}$ で $G \ni y$, $G \not\ni x$ なる G が存在するとしよう．G^c は閉集合で $G^c \not\ni y$ かつ $G^c \ni x$．ところで $\overline{\{x\}}$ は x を含む閉集合のすべての交わりであるから $\overline{\{x\}} \subset G^c$

$$\therefore \quad \overline{\{x\}} \not\ni y \qquad 従って \quad \overline{\{x\}} \neq \overline{\{y\}}.$$

$G \ni x$, $G \not\ni y$ としても全く同様である．　　（証明終）

さて T_0–空間の一つの例を挙げよう．

$X = \boldsymbol{N}$（自然数全体），$\mathcal{T}$ としては ϕ と $\{n, n+1, n+2, \cdots\}$ の型の集合の族とする．この空間 $(X, \mathcal{T})$ が位相空間であることは明らかであろう[1]．点1と点2について考えてみれば，1を含む $\mathcal{T}$ の要素は X 自身しかなくこれは2を含んでいる．しかし2を含む $\mathcal{T}$ の要素は X 自身と $\{2, 3, 4, \cdots\}$ で

1）読者は演習問題のつもりで，きちんと証明してみてほしい．

後者は1を含んでいない．このことはT_0-空間の条件を点1,2に関して満たしていることを示している．一般に相異なる2点を $n, n+m(n, m\in \boldsymbol{N})$ とすると，nを含む$\mathcal{T}$の要素は $\{1, 2, \cdots\}$, $\{2, 3, \cdots\}$, $\cdots$, $\{n-1, n, \cdots\}$, $\{n, n+1, \cdots\}$ で必ず $n+m$ を含んでいるが，$n+m$ を含む$\mathcal{T}$の要素のうちで，$\{n+1, n+2, \cdots\}$, $\{n+2, n+3, \cdots\}$, $\cdots$, $\{n+m, n+m+1, \cdots\}$ の m 個のものは n を含んでいない．これはこの空間 $(X, \mathcal{T})$ の任意の異なる2点 $n, n+m$ についてT_0-空間の条件が満たされていることを示すので，$(X, \mathcal{T})$ は T_0-空間である．

いまついでにこの空間の一点nに対して $\overline{\{n\}}$ を求めてみよう．$\overline{\{n\}}$ の1点をmとするとmを含む任意の開集合が $\{n\}$ と交わるというのが $m\in \overline{\{n\}}$ の条件であるから，$\{i, i+1, \cdots\}\ni n$.　(但し $i\leqq m$)

$\therefore\ i\leqq n.$

すなわち $i\leqq m$ を満たすすべての i について$i\leqq n$ が成立しなければならないから $m\leqq n$.　これより $\overline{\{n\}}=\{1, 2, 3, \cdots, n\}$

この例のように，T_0-空間では普通の距離空間などでは考えられないような1点の閉苞がその点だけでなくなることもある．

これをもう一歩狭くしたのがつぎの **T_1-空間**である．

つぎの公理は**フレシェー** (Fréchet) **の公理**と呼ばれる．

[**公理・T_1**]　T-空間 $(X, \mathcal{T})$ の相異なる任意の2点 x, y に対して，$\mathcal{T}$ の二つの要素すなわち開集合 G_1, G_2 が存在して，G_1 はxを含んでyを含まず，G_2 は y を含んでxを含まない[1]．

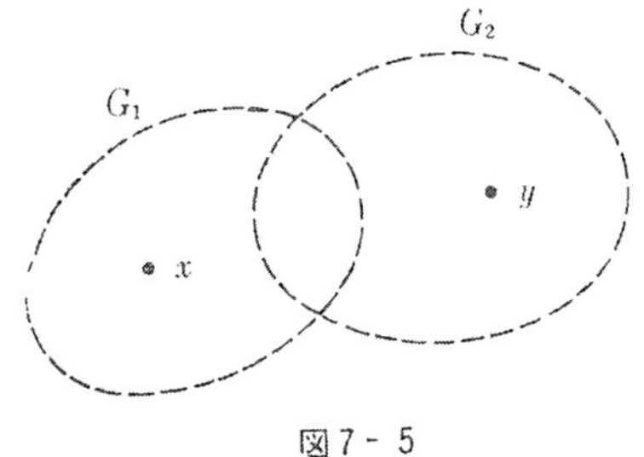

図7-5

[**定義**]　T-空間が[公理 T_1] を満たすとき，この空間を **T_1-空間**という．

前に挙げた $X=\boldsymbol{N}$, $\mathcal{T}=\{\phi$ と $\{n, n+1, \cdots\}$ なる型の集合$\}$

1) [公理 T_0] はこのうち G_1 か G_2 の何れか一方だけの存在を要求し，[公理 T_1] は両方同時に存在することを要求する．従ってT_1-空間はすべてT_0-空間である．

は T_0-空間ではあるが T_1-空間ではない.

さて，この公理も閉苞の関係でのべてみよう.

[定理] III-7-2 T-空間 $(X, \mathcal{T})$ が T_1-空間であるための必要十分条件は，1点よりなる部分集合はすべて閉集合であることである.

（証明） 十分性.

$x \neq y$; $x, y \in X$ とする．このとき $\{x\}$ は閉集合であるから[1]，$(\{x\})^c$ は開集合であって，$(\{x\})^c \ni y$ かつ $(\{x\})^c \not\ni x$. 同様に $(\{y\})^c$ も開集合で，$(\{y\})^c \ni x$ かつ $(\{y\})^c \not\ni y$.

故に $(X, \mathcal{T})$ は T_1-空間である.

必要性.

$(X, \mathcal{T})$ を T_1-空間とする． $x \in X$ とし y を x とは異なる任意の X の点とする．ある開集合 G_y があって，$G_y \ni y$, $\not\ni x$. $(\{x\})^c = \bigcup_{y \neq x} \{y\} \subset \bigcup_{y \neq x} G_y \subset (\{x\})^c$ $\therefore$ $(\{x\})^c = \bigcup_{y \neq x} G_y$ 従って $(\{x\})^c$ は開集合[2]．故に $\{x\}$ は閉集合.

（証明終）

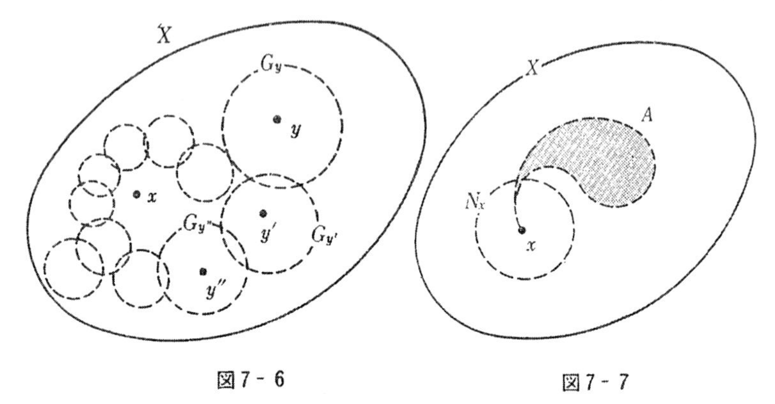

図7-6　　図7-7

この [定理] にみるように，T_1-空間になるとわれわれの日頃接している実数の空間の性質がかなり実現される．そのいくつかを証明なしに掲げてみよう.

---

1) 第2章 [定理] II-5-2

2) 開集合の任意個の和は開集合．図7-6.

必要な定義を二,三列挙してみる.

[定義] 位相空間 $(X, \mathcal{T})$ の部分集合を A とする. X の点 x が A の**集積点**であるとは, x の任意の近傍 N_x に対して常に $A\cap\{N_x-\{x\}\}\neq\phi$ が成り立つことである. つまり x の任意の近傍と A とは必ず x 以外の共有点を持つということである. (図7-7)

[定義] 位相空間 $(X, \mathcal{T})$ の部分集合 E が**可算コンパクト**であるとは, E の任意の無限部分集合 E' は E に少くも一つ集積点をもつことである.

[定義] 位相空間 $(X, \mathcal{T})$ の部分集合の族 $\{E_\lambda;\ \lambda\in\Lambda\}$ があって, $\bigcup_{\lambda\in\Lambda} E_\lambda=X$ であるとき, $\{E_\lambda\}$ を $(X, \mathcal{T})$ の**被覆** (covering) という. E_λ がすべて開集合であるときは, 特に**開被覆** (open covering) という.

[定義] 可算個の部分集合の族 $\{E_n;\ n\in N\}$ があって, すべての n に対して, $E_n\supset E_{n+1}$ であるとき $\{E_n\}$ は**単調減少**であるといい, $E_n\subset E_{n+1}$ であるとき**単調増加**であるという.

ここで定義された言葉を用いると, T_1-空間ではつぎの定理が成り立つ.

[定理] **III-7-3** $(X, \mathcal{T})$ が T_1-空間であるとき, X の点 x が部分集合 E の集積点であるための必要十分条件は, x を含む任意の開集合が E の異なる点を無限に含むことである.

[定理] **III-7-4** $(X, \mathcal{T})$ が T_1-空間であるとき, X が可算コンパクトであるための必要十分条件は, X の任意の可算個からなる開被覆が有限個からなる部分被覆を持つことである[1].

[定理] **III-7-5** **(カントール (Cantor) の定理)**

位相空間 $(X, \mathcal{T})$ が T_1-空間であるとき, 可算個の空でない閉集合の族があって, 単調減少でありその族の少くも一個が可算コンパクトであれば, それらの族の要素のすべての交わりは空ではない.

上の三つの定理は実数の空間などではよく使われる定理であるが, 一般の T-空間は勿論, T_0-空間でも必ずしも成立しないが, T_1-空間の条件をそなえると成立するということを特に注意したい. つまり, これらの

1) 参考までに $(X, \mathcal{T})$ がコンパクトであるとは, X の任意の開被覆が, 有限個からなる部分被覆を持つことである.

定理が主張する性質は本質的に空間が T_1-空間であるということに依存しているわけである．

練習問題 1

1. 位相空間 $(X, \mathcal{T})$ が T_0-空間であって，$\mathcal{T}^* \supset \mathcal{T}$ であるならば $(X, \mathcal{T}^*)$ も T_0-空間であることを示せ．
2. 位相空間 $(X, \mathcal{T})$ が T_0-空間であるための必要十分条件は，Xの任意の相異なる二点 x, y に対して $x \notin \overline{\{y\}}$ または $y \notin \overline{\{x\}}$ が成立することであることを示せ．
3. $X = \boldsymbol{N}$（自然数全体の集合），$\mathcal{T}$ として ϕ と X と $\{1, 2, \cdots, n\}$ なる型の集合とする．
   i）$(X, \mathcal{T})$ は位相空間であることを示せ．
   ii）$(X, \mathcal{T})$ は T_0-空間であることを示せ．
   iii）$(X, \mathcal{T})$ は T_1-空間でないことを示せ．
4. 位相空間 $(X, \mathcal{T})$ が T_1-空間であって，$\mathcal{T}^* \supset \mathcal{T}$ であるならば $(X, \mathcal{T}^*)$ も T_1-空間であることを証明せよ．
5. T_1-空間 $(X, \mathcal{T})$ では，有限個の点からなる部分集合は集積点を持たないことを証明せよ．

§8　$\boldsymbol{T}_2$-空間

§7 で位相空間にいくらか条件を加味して，T_0-空間から T_1-空間に及んだ．T_0-空間ではあまり著しい結果は得られなかったが，T_1-空間になるとかなりの結果が得られた．今後われわれはたいていの場合，T_1-空間は仮定することとなるだろう．しかし，この節ですぐみるように，T_1-空間ではまだわれわれが常識的に理解している空間の性質が充分に出てこない．たとえば，収束する点列の極限点は必ずしも1点とはならない．われわれは空間での点をもう少し分離する必要があるようだ．

本節に述べる T_2-空間になると常識的な性質の大半が出てくるのは興味あることである．

つぎの公理は**ハウスドルフ** (Hausdorff) **の公理**と呼ばれる．

[**公理・$\boldsymbol{T}_2$**]　T-空間 $(X, \mathcal{T})$ の相異なる任意の2点 x, y に対して，$\mathcal{T}$

の二つの要素すなわち開集合 G_1, G_2 が存在して，これらは互に素（つまり $G_1 \cap G_2 = \phi$）であり，G_1 は x を含んで y を含まず，G_2 は y を含んで x を含まない[1].

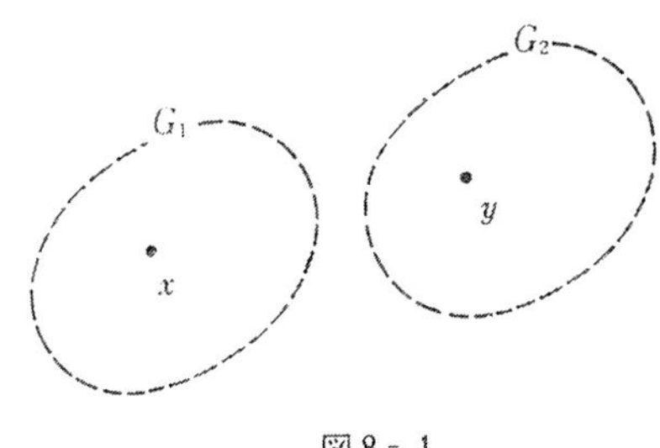

図 8 - 1

［定義］ T-空間が［公理・T_2］を満たすとき，この空間を **T_2-空間**または**ハウスドルフ空間**という．

いま，Xとして任意の無限個の点からなる集合とし，$\mathcal{T}$として，ϕと有限個の部分集合の補集合とする．$\phi \in \mathcal{T}$ であり，またϕは要素の数 0 の有限集合であるからその補集合のXは $\mathcal{T}$ の元である．つぎに $G_\lambda \in \mathcal{T} (\lambda \in \Lambda)$ とすると $X - G_\lambda$ は有限集合または X である．$\bigcup_{\lambda \in \Lambda} G_\lambda$ を考えるとき $X - \bigcup_{\lambda \in \Lambda} G_\lambda = \bigcap_{\lambda \in \Lambda} (X - G_\lambda)$[2]．ここですべての $G_\lambda = \phi$ ならば $X - G_\lambda = X$.
$\therefore \quad X - \bigcup_{\lambda \in \Lambda} G_\lambda = X \in \mathcal{T}$，また一つでも $G_\lambda \neq \phi$ とすればこの λ を λ_0 とするとき $X - G_{\lambda_0}$ は有限集合で，$X - \bigcup_{\lambda \in \Lambda} G_\lambda = \bigcap_{\lambda \in \Lambda} (X - G_\lambda) \subset X - G_{\lambda_0}$.
ゆえに$X - \bigcup_{\lambda \in \Lambda} G_\lambda$ も有限集合となり，$\bigcup_{\lambda \in \Lambda} G_\lambda \in \mathcal{T}$．$G_{\lambda_i} \in \mathcal{T}$ $(i = 1, 2, \cdots, n)$ とすると $X - G_{\lambda_i}$ は有限集合または X．$\bigcap_{i=1}^{n} G_{\lambda_i}$を考えるとき $X - \bigcap_{i=1}^{n} G_{\lambda_i} = \bigcup_{i=1}^{n} (X - G_{\lambda_i})$[3]．ここで一つでも $G_{\lambda_i} = \phi$ なるものがあれば $X - G_{\lambda_i} = X$ であるから，$X - \bigcap_{i=1}^{n} G_{\lambda_i} = \bigcup_{i=1}^{n} (X - G_{\lambda_i}) = X \in \mathcal{T}$．また，一つも $G_{\lambda_i} = \phi$ なるものがなければ，$i = 1, \cdots, n$ に対して $X - G_{\lambda_i}$ は有限集合で，その有限個の和である $\bigcup_{i=1}^{n} (X - G_{\lambda_i})$ も有限集合．従って $\bigcap_{i=1}^{n} G_{\lambda_i} \in \mathcal{T}$．すなわち，$(X, \mathcal{T})$ は位相空間である．Xの相異なる 2 点を x, y とすると，

1) ［公理・T_1］と異なるところは，$G_1 \cap G_2 = \phi$ なるようなものがあるということで，従って T_2-空間はすべて，T_1-空間であり，T_0-空間である．
2) de Morgan の法則；（第 1 章 §2）
3) de Morgan の法則；（第 1 章 §2）

$G_1 \ni x \not\ni y$, $G_2 \ni y \not\ni x$ をどんなにえらんでも $G_1 \cap G_2 \neq \phi$.（勿論，$G_1, G_2 \in \mathcal{T}$ にえらぶ）ゆえに $(X, \mathcal{T})$ は T_2-空間ではない．しかし，$G_1 = X - \{y\}$, $G_2 = X - \{x\}$ とすれば，明らかに $G_1, G_2 \in \mathcal{T}$ で $G_1 \ni x \not\ni y$, $G_2 \ni y \not\ni x$. ゆえに $(X, \mathcal{T})$ は T_1-空間となる．

ここで，§7で一寸ふれたように，収束する点列の極限点についてふれよう．

［**定義**］　位相空間 $(X, \mathcal{T})$ に一点 x と点列 $\langle x_n \rangle$ とがある．x を含む任意の開集合 G に対して自然数 $N(G)$ がきまり，$n > N(G)$ なるすべての n に対して，$x_n \in G$ であるとき　またそのときに限り点列 $\langle x_n \rangle$ は x を**極限点**とする（または $\langle x_n \rangle$ は x に**収束する**）といい，　$\lim x_n = x$ または $x_n \to x$ とかく．

［**定義**］　点列 $\langle x_n \rangle$ はそれに収束する点が少くも一つあるときまたそのときに限り**収束である**という．

［**定理**］**III-8-1**　T_2-空間に於ては，$\langle x_n \rangle$ が収束すれば極限点は唯一点である．

（証明）　T_2-空間 $(X, \mathcal{T})$ の点列 $\langle x_n \rangle$ が異なる2点 x, x^* に収束するとする．空間は T_2 であるからそれぞれ開集合 G, G^* が存在して，$x \in G$, $x^* \in G^*$；$G \cap G^* = \phi$.

$x_n \to x$ であるから，自然数 N が存在して $n > N$ なる任意の自然数 n に対しては常に $x_n \in G$.

$x_n \to x^*$ であるから，同様に自然数 N^* が存在して $n > N^*$ なる n に対して常に $x_n \in G^*$. そこで　N, N^* のうちの小さくない方を N_0 とすると，$n > N_0$ なる n に対して $x_n \in G$, かつ $x_n \in G^*$. 従って $G \cap G^* \neq \phi$. これは前述の $G \cap G^* = \phi$ に反する．ゆえに $x = x^*$ でなければならない．

（証明終）

この定理は T_1-空間では成立しない．いま $X = N$（自然数全体の集合）とし $\mathcal{T}$ として ϕ と X と $\{\{n, n+1, \cdots\} - \text{有限集合}\}$ なる型の集合からなる族とする．$(X, \mathcal{T})$ は位相空間で，T_1-空間であって T_2-空間ではない[1]．

1）練習問題として読者の演習に残す．

$\langle x_n \rangle$ をすべての n について $x_n=n$ であるような点列とする．いま m を X の任意の点とする．m を含む任意の開集合を G とする．$G=\{n, n+1, \cdots\}-\{n_1, n_2, \cdots, n_k\}$ とおくことが出来る． $m\in G$ であるから $m\geqq n$, かつ $m\neq n_i$. $(i=1, 2, \cdots, k)$ $n_1, n_2, \cdots, n_k$ のうち最大の数を n_0 とし $N=n_0$ とする．$n'>N$ なる任意の n' に対して $x_{n'}=n'$ であるから，$x_{n'}\in G$.
$\therefore\ x_n\to m$.

すなわちこの点列 $\langle x_n \rangle$ は X のすべての点に収束する．

このように T_1-空間になると収束する点列の極限点が2点以上になり得ることがわかる．しかし，[定理] Ⅲ-8-1 の逆；「任意の点列 $\langle x_n \rangle$ が収束するとき極限点が1点に限るならばその空間は T_2-空間である．」 は成立しない．つぎの例は T_2-空間でない空間 $(X, \mathcal{T})$ で任意の点列 $\langle x_n \rangle$ が収束すれば唯一点にのみ収束する例で，逆が成立しないことを示すものである．読者は $(X, \mathcal{T})$ が位相空間で，T_2-空間でないことを証明してみてほしい．

X を非可算無限集合とし $\mathcal{T}$ として ϕ と可算集合の補集合からなる集合族とする．いま点列 $\langle x_n \rangle$ が2点 x と x^* に収束するとする．$\langle x_n \rangle$ の点は全部で可算個以上はないから， $x_n\to x$ のとき G として X から x_n で x と異なるものを取り去ったものをとると，どんな N をきめても $n>N$ である x_n が G に入るためには，x_n は x と等しくなくてはならない． 従って $x_n\to x$ ならば，有限個を除いたすべての n について $x_n=x$. 同様に $x_n\to x^*$ より，有限個を除いたすべての n について $x_n=x^*$. $\therefore$ $x=x^*$.

それではこの定理の逆が成立するにはどんな条件があればよいかみよう．

[定義] つぎの [公理・C_1] を**第一可算公理**といい， この公理をみたす空間を**第一公理空間**という．

[公理・C_1] 位相空間 $(X, \mathcal{T})$ の任意の点 x に対して，x を含む開集合の可算個の族 $\{B_n(x)\}$ があって，x を含む任意の開集合 G に対して，ある自然数 n_0 があって，$B_{n_0}(x)\subset G$.

[定理] Ⅲ-8-2 ([定理] Ⅲ-8-1 の逆)

[公理・C_1] をみたす空間 $(X, \mathcal{T})$ が T_2-空間であるための必要十分条件は，任意の点列 $\langle x_n \rangle$ が収束するならば極限点は1点に限ることである．

（証明）　必要性は［定理］III-8-1 である．

十分性．（対偶を証明する）

空間がT_2でないとする．このとき相異なる2点 x, y があって，x を含む任意の開集合 G_x と y を含む任意の開集合 G_y をとると，$G_x \cap G_y \neq \phi$．空間は第一公理空間であるからx, yに対してそれぞれ単調減少な[1]可算個の開集合族$\{B_n(x)\}$，$\{B_n(y)\}$ がとれて，任意の自然数 n に対して$B_n(x) \cap B_n(y) \neq \phi$．そこで x_n を $B_n(x) \cap B_n(y)$ からとって，$\langle x_n \rangle$ をつくる．いま，上の G_x, G_y に対して適当な自然数Nをきめるとき，任意の $n > N$ に対して，$B_n(x) \subset G_x$, $B_n(y) \subset G_y$ が $\{B_n(x)\}$, $\{B_n(y)\}$ の単調性からいえるので，$x_n \to x$ かつ $x_n \to y$．すなわち，$\langle x_n \rangle$ の極限点は2点以上ある．ゆえに極限点が必ず1点ならば，T_2-空間である．　（証明終）

［定理］III-8-1 と同様に，T_2-空間では成立するが，その逆は T_2-空間では成立しない定理を証明なしに挙げておこう．これらの定理も［公理・C_1］を入れると逆が成立する．

［定理］III-8-3　位相空間$(X, \mathcal{T})$の部分集合Eの異なる点からなる点列を$\langle x_n \rangle$とする．$x_n \to x$ ならばxはEの集積点である[2]．

［定理］III-8-4　f を位相空間$(X, \mathcal{T})$から位相空間$(X^*, \mathcal{T}^*)$への連続写像とする．$\langle x_n \rangle$ はXの点xへ収束するXの点からなる点列とする．このとき$\langle f(x_n) \rangle$ は X^* の点 $f(x)$ へ収束する．

つぎに実数の性質としてよく知られた性質が実は T_2-空間で成り立つことを示そう．

［定理］III-8-5　T_2-空間のコンパクトな部分集合は閉集合である．

（証明）　Eを T_2-空間$(X, \mathcal{T})$のコンパクトな部分集合とする．x をE^cの一つの定まった点とする．（$E=X$ ならば $E^c=\phi$ となるがこの場合Xは明らかに閉集合である．）

Eの各点yに対して開集合 $G_{x(y)}, G_y$ が存在して，$x \in G_{x(y)}$, $y \in G_y$ で$G_{x(y)} \cap G_y = \phi$．

$\{G_y ; y \in E\}$ は E の開被覆で E はコンパクトであるから，$\{G_{y_i} ; i=1,$

---

1) $\{B_n(x)\}$ が単調減少としても一般性を失なわないことを証明してみよ．

2) この定理は T_2-空間でなくとも成立する．

$2, \cdots, n\}$ なる有限個の部分被覆が存在する．$\{G_{x(y_i)}\ ;\ i=1, 2, \cdots, n\}$ はこの G'_{y_i} に対応する x を含む開集合の集合族とする．

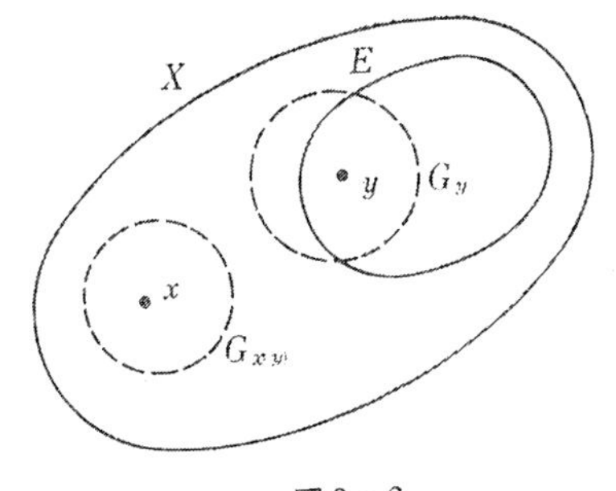

図8－2

$G=\bigcap_{i=1}^{n} G_{x(y_i)}$ とおくと，G は開集合で x を含む．

なお，$G=\bigcap_{i=1}^{n} G_{x(y_i)} \subset \bigcap_{i=1}^{n} G_{y_i}{}^c = (\bigcup_{i=1}^{n} G_{y_i})^{c\,1)} \subset E^c$

すなわち E^c の各点は E^c に含まれる開集合に含まれる．いいかえれば $E^c=\cup G$.（G は E^c に含まれる開集合で E の点を含むもの.）故に E^c は開集合である．従って E は閉集合である．（証明終）

［定理］III-8-6　$(X, \mathcal{T})$ は T_2-空間で無限個の点を含む空間とする．このとき X は空でない互に素な開集合の無限個の列を含む．

（証明）X が集積点を持たないと，$(X, \mathcal{T})$ は離散空間となって，1点が開集合となる．従って X の異なる点の無限個の列は求める列である．

X に集積点がある場合は，x を X の一つの集積点とする．x_1 を x と異なる X の点とする．開集合 G_1, V_1 が存在して，$G_1 \cap V_1=\phi$ であり，$x \in G_1$，$x_1 \in V_1$.

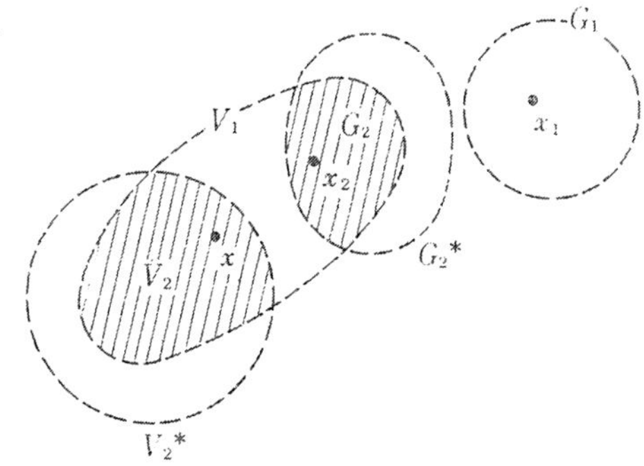

図8－3

1) de Morgan の法則　第1章 §2.
2) 第2章 §4.

x は X の集積点であるから，$X\cap\{V_1-\{x\}\}\neq\phi$．そこで，この $X\cap\{V_1-\{x\}\}$ の1点を x_2 とする．このとき開集合 G_2^*, V_2^* が存在して，$G_2^*\cap V_2^*=\phi$ であり，$x\in G_2^*$, $x_2\in V_2^*$．

いま，$G_2=G_2^*\cap V_1$, $V_2=V_2^*\cap V_1$ とすると G_2, V_2 は開集合で $G_2\cap V_2=\phi$ であり，$x_2\in G_2\subset V_1$, $x\in V_2\subset V_1$．　　$\therefore$ $G_2\cap G_1=\phi$．

このようにして，$x_1, x_2, x_3, \cdots, x_n$ と $G_1, G_2, G_3, \cdots, G_n$ と $V_1, V_2, V_3, \cdots, V_n$ を，$x_k\in G_k\subset V_{k-1}$, $x\in V_k\subset V_{k-1}$, $G_k\cap V_k=\phi$ $(k=1, 2, \cdots, n)$ が定まったとする．$G_1, G_2, \cdots, G_n$ は互に素な開集合族である．

x は V_n に属する X の集積点だから，$X\cap\{V_n-\{x\}\}\neq\phi$．この集合から x_{n+1} をえらぶ．

$(X, \mathcal{T})$ は T_2-空間であるから，開集合 G_{n+1}^*, V_{n+1}^* が存在して，$G_{n+1}^*\cap V_{n+1}^*=\phi$ であり，$x_{n+1}\in G_{n+1}^*$, $x\in V_{n+1}^*$．

そこで $G_{n+1}=G_{n+1}^*\cap V_n$, $V_{n+1}=V_{n+1}^*\cap V_n$ とすると，G_{n+1} と V_{n+1} とは互に素で，開集合で共に V_n に含まれている．ゆえに $G_{n+1}\cap G_n=\phi$ かつ $x_{n+1}\in G_{n+1}$, $x\in V_{n+1}$．

$\{V_n\}$ は単調減少であるから，G_{n+1} は G_k $(k\leqq n)$ と互に素である．また，$x_n\in G_n$ より $G_n\neq\phi$．

以上の数学的帰納法より，空でない互に素な開集合の可算個の列 $\{G_n\}$ が求められた．　　（証明終）

以上にみたように空間も T_2-空間になるとかなり日常用いる性質が出て来るので，数学の各部門で土台とする空間としては，T_2-空間をとることが多い．それだけに非常に重要な空間であるといえる．

練習問題2

1. $(X, \mathcal{T})$ が T_2-空間で，$\mathcal{T}^*\supset\mathcal{T}$ であるとき，$(X, \mathcal{T}^*)$ は T_2-空間といえるか．
2. $(X, \mathcal{T})$ を T_2-空間とし，Y を X の部分集合とする．任意の $\mathcal{T}$ の元 G に対して，$G\cap Y=G_Y$ とし，G_Y のすべてからなる集合族を $\mathcal{T}_Y$ とする．つぎの i), ii) を示せ．

　i)　$(Y, \mathcal{T}_Y)$ は位相空間である．

ii)（$Y, \mathcal{T}_Y$）は T_2-空間である．

3.　収束する点列の部分列はまた収束し，同じ極限点を持つことを示せ．

4.　点列 $\langle x_n \rangle$ に於て，すべての n について $x_n = x$ であるとき，$\langle x_n \rangle$ は収束し，$\lim x_n = x$ であることを示せ．

5.　実数 $\boldsymbol{R}$ に通常位相 u を入れた空間 $(\boldsymbol{R}, u)$ は第一公理空間であることを示せ．$(\boldsymbol{R}, \varphi)$ はどうか．

練習問題の略解

練習問題　2　1.　T_2-空間である．

5.　$(\boldsymbol{R}, \varphi)$ も第一公理空間である．

第5章　分離公理（その2）

§9　正則空間

位相空間 $(X, \mathcal{T})$ に分離公理をつぎつぎに入れることによって，点がお互に区別されて，そのお蔭で空間にいろいろな性質が附加される様子を T_0, T_1, T_2 の順にみて来た．

これらの公理の特徴は，

第一に，T_0, T_1, T_2 とも2点を分離させる条件であったこと．

第二に，T_2 であれば，T_1 であり，T_1 であれば T_0 であったこと．

である．

しかし，2点に関してこれを分ける手だてはこれ以上は自然の形では出て来ない．

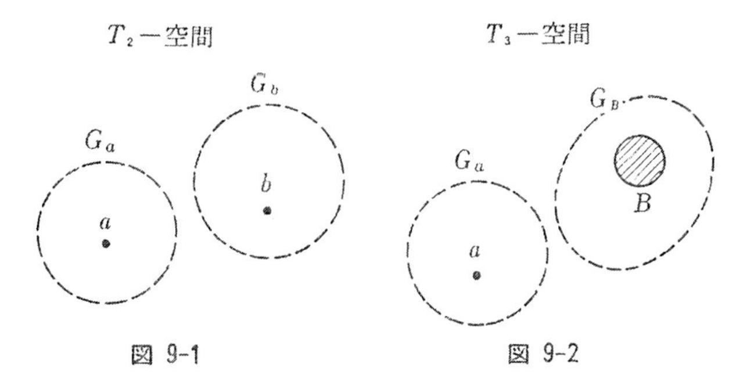

図 9-1　　図 9-2

これをもっとも自然の形で拡張するには点のかわりに閉集合を持ち出すことである. T-空間, T_0-空間では1点は必ずしも閉集合とはならないが, T_1-空間になると任意の点が閉集合となる. そこでこの閉集合である1点を必ずしも点とは限らない閉集合でおきかえて, 新しい公理を設定すれば, 新しい分離公理が得られる. しかし, 注意すべきことはこの分離公理からは1点が閉集合だという結果は出ないので, 1点を閉集合にしたい場合は他に T_1 の条件を入れておかなければならない.

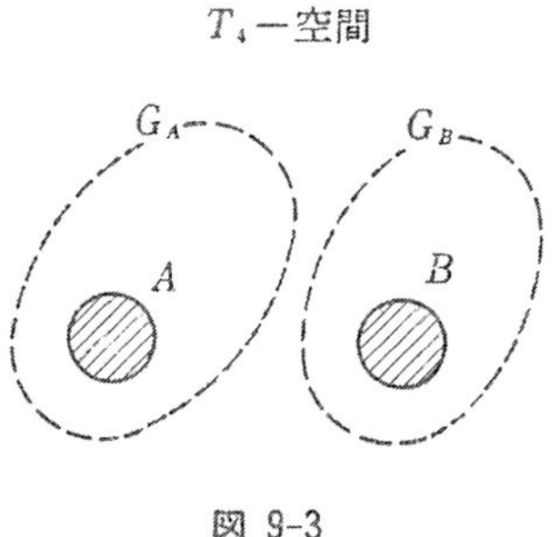

図 9-3

［**定義**］ 位相空間 $(X, \mathfrak{T})$ がつぎの Vietoris (ビエトリ) の公理を満たすとき**正則空間**[1] という.

［**R**］ X の任意の閉部分集合 F と F に含まれない X の1点 x に対して, 二つの互に素な開集合 G_1, G_2 がとれて $G_1 \supset F$, $G_2 \ni x$ とすることができる.

［**定義**］ 正則空間が T_1-空間であるとき ***T*$_3$-空間**という.

ここで, 正則空間は必ずしも T_1-空間でないことを示そう. それには, $X=\{a, b, c\}$, $\mathfrak{T}=\{\phi, \{a\}, \{b, c\}, X\}$ なる位相空間 $(X, \mathfrak{T})$ を考えるとよい. $(X, \mathfrak{T})$ が位相空間であることは明らかであるが, 点 b 及び点 c を2点としてとると, b を含む開集合は $\{b, c\}$ と X であるから c を分離しない. 従って $(X, \mathfrak{T})$ は T_0-空間ではないから勿論 T_1 でも T_2 でもない. ところが $(X, \mathfrak{T})$ は正則空間である. $(X, \mathfrak{T})$ の真の閉部分集合は $\{a\}$ と $\{b, c\}$ でこれらはまた開集合でもある. 正則であることを示すには

(i)　$\{a\}$ と $\{b, c\}$ に対してそれぞれを含む互に素な開集合の存在.

(ii)　$\{b\}$ と $\{a\}$ に対してそれぞれを含む互に素な開集合の存在.

(iii)　$\{c\}$ と $\{a\}$ に対してそれぞれを含む互に素な開集合の存在.

---

1) regular space

のすべてを明らかにすればよい．(i)の開集合は $\{a\}$ と $\{b, c\}$，(ii), (iii) の開集合はともに $\{b, c\}$ と $\{a\}$ である．従って $(X, \mathcal{T})$ は正則空間である．

つぎに，いままでにも示して来たように[1]，T_3-空間が T_2-空間よりも本質的に条件の多い空間であることを示そう．そのためには T_2-空間で T_3-空間でない例を示し，T_3-空間は T_2-空間であることを示せばよい．

位相空間 $(X, \mathcal{T})$ として，$X=\boldsymbol{R}$（実数全体の集合）とし位相 $\mathcal{T}$ としては点 x の近傍系の base[2] を普通の意味での x の開近傍内の有理数と x 自身を含むものとして定める．このようにして定めた $(X, \mathcal{T})$ は位相空間である．何故なら近傍系の四つの条件が満たされていることはつぎのように示される．

N_1；$U\in\mathfrak{u}_p$　ならば　$p\in U$.

Uに対して $\mathcal{B}_p$ の B が存在して $B\subset U$．ところが $p\in B$ であるから $p\in U$.

N_2；$U, V\in\mathfrak{u}_p$　ならば　$U\cap V\in\mathfrak{u}_p$.

U, V に対して $\mathcal{B}_p$ に B_U, B_V が存在して $B_U\subset U$, $B_V\subset V$．B_U, B_V に対して普通の意味の p の開近傍 U', V' が存在して　$B_U=(U'\cap\boldsymbol{Q})\cup\{p\}$[3]，$B_V=(V'\cap\boldsymbol{Q})\cup\{p\}$ とかけるから　$B_U\cap B_V=(U'\cap V'\cap\boldsymbol{Q})\cup\{p\}$　となり $B_U\cap B_V\in\mathcal{B}_p$．また $B_U\cap B_V\subset U\cap V$ であるから $U\cap V\in\mathcal{B}_p$.

N_3；$U\in\mathfrak{u}_p$, $U\subset V$　ならば　$V\in\mathfrak{u}_p$.

Uに対して $\mathcal{B}_p$ に B_U が存在して $B_U\subset U$．従って $B_U\subset V$．ゆえに $V\in\mathfrak{u}_p$.

N_4；$U\in\mathfrak{u}_p$　ならば　Uに含まれる $\mathfrak{u}_p$ の一つの元Vが存在して，$\forall q\in V$ に対して $V\in\mathfrak{u}_q$.

Uに対して $\mathcal{B}_p$ に B_U が存在して $B_U\subset U$．この B_U は U' を普通の意味の p の開近傍の一つとするとき，$B_U=(U'\cap\boldsymbol{Q})\cup\{p\}$ であるから，

---

1) T_0 は必ずしも T_1 ではなく，T_1 は必ずしも T_2 ではないこと．

2) 近傍系の base とは，x の近傍の部分集合族 $\mathcal{B}_x$ で，任意の x の近傍 U に対して必ず $\mathcal{B}_x$ の元 B が存在して $B\subset U$ となるものをいう．

3) $\boldsymbol{Q}$ は有理数全体の集合．

$B_U=V$ とすればよい．それは，$\forall q\in V$ とすると $q\in U'\cap \boldsymbol{Q}$ か $q=p$ であって，$q\in U'\cap \boldsymbol{Q}$ ならば $U'\cap \boldsymbol{Q}$ が q の近傍であることから $U'\cap \boldsymbol{Q}\subset B_U$ より B_U も q の近傍となり，$q=p$ なら明らかに B_U は q の近傍であるから，何れにしても $V=B_U\in u_q$.

さて，この空間 $(X,\mathcal{T})$ が T_2-空間であることは，$\boldsymbol{R}$ の usual topology が T_2 であることより明らかであろう．しかし，これは正則ではない．X の部分集合 $\boldsymbol{Q}$ は明らかに開集合である．従って X-$\boldsymbol{Q}$ は閉集合．この X-$\boldsymbol{Q}$ と無理数の一つ x とを考えると X-$\boldsymbol{Q}$ を含む開集合は X 以外にはないので [R] は満たされない．

Vietoris の公理 [R] はそのままの形で使われることも多いが，つぎの定理の形で使われる方がより多い．

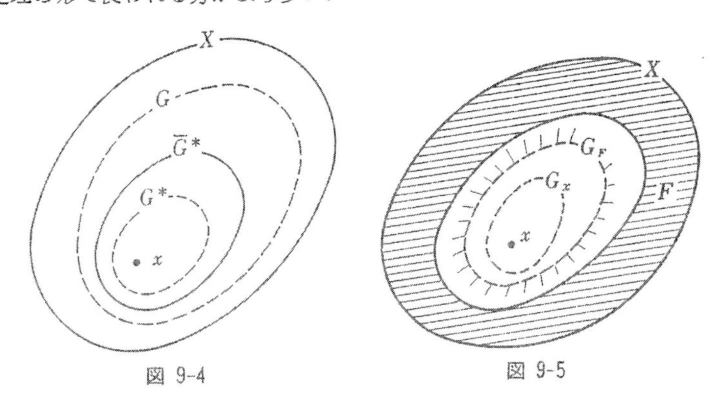

図 9-4　　図 9-5

[定理] III-9-1　位相空間 $(X,\mathcal{T})$ が正則であるための必要十分条件は，$\forall x\in X$ と x を含む任意の開集合 G に対して，開集合 G^* が存在して，$x\in G^*$ かつ $\overline{G^*}\subset G$.

（証明）必要であることの証明．

X が正則ならば x と $x\in G\in\mathcal{T}$ に対して，$F=X-G$ は閉集合で $x\notin F$. [R] によって，開集合 G_F, G_x が存在して，$G_F\cap G_x=\phi$ かつ $F\subset G_F$, $x\in G_x$. 従って $G_x\subset G_F{}^c$.

$\therefore$ $\overline{G_x}\subset\overline{G_F{}^c}=G_F{}^c\subset F^c=G$.　ここで $x\in G_x$, $\overline{G_x}\subset G$ であるから G_x

が求める G^* である．

十分なることの証明．

条件がみたされたとする．x と x を含まない閉集合 F をとる．$x \in F^c \in \mathcal{T}$．従って開集合 G^* が存在して $x \in G^*$．

かつ，$\overline{G^*} \subset F^c$．　∴　$(\overline{G^*})^c \supset F$ かつ $(\overline{G^*})^c \cap G^* = \phi$．ゆえに X は正則である．　（証明終）

前章にも示したように一般の位相空間では，距離空間などの持つ性質を持たないものが沢山でてくる．T_2-空間にまですると点列の収束などについて常識的な性質をそなえることも前章でみた．分離公理のはじめに述べたようにわれわれが日常取り扱う距離空間や具体的にとれば実数の空間などの諸性質が依存する本質を弁別するのが目的であるのだが，T_2-空間だけでは多くの結果は得られない．これに加えて，本節の正則性，或は次節の完全正則性，更に正規性，全部分正規性，完全正規性等のように分離の条件を進めてやがては距離空間に達しようというのが一つの方向であるが，T_2 の公理と正則性の公理以下とは，かなり性格が変ってくる．たとえば正則空間に或条件を附加して直ちに距離空間が得られる[1] など，ここで急速に距離空間に接近するとも見られよう

§10　完全正則空間

天才 Urysohn（ウリゾーン）が1924年に示した[2] 距離付可能定理は位相空間論の一つの方向付けをしたとも云われている．この定理は後述することにして，正則空間と正規空間の中間的空間で Urysohn の定理に至る準備段階ともいえる完全正則空間に触れておこう．

［定義］　位相空間 $(X, \mathcal{T})$ がつぎの公理を満たすとき**完全正則空間**[3] で

1) 1949～51年にかけて世界の３人の数学者が独立に正則空間に距離を入れ得るための必要十分条件を求めている．日本の Nagata，ソ連の Smirnov，アメリカの Bing がこの３人である．

2) P. Urysohn, Über Metrization des Metrization des kompakten topologischen Raumes. Math. Ann. 92 (1924), 275-295.

3) completely regular space.

あるという.

[**CR**] Xに閉部分集合Fとこれに含まれない点xとがある. このとき Xから$[0,1]$の中への連続写像fが存在して $f(x)=0$ かつ $f(F)=\{1\}$.

[**定義**] 完全正則空間が T_1-空間であるとき, Tichonov (チコノフ) 空間または $\boldsymbol{T}_{3\frac{1}{2}}$-空間という.

この空間が Urysohnの定理につながり, 重要な役割をはたすのはつぎの Tichonov の**埋蔵定理**[1] が成立するためである.

[**定理**] **III-10-1** 位相空間 $(X, \mathcal{T})$ が Tichonov 空間であるための必要十分条件はそれが$[0,1]$のいくつかの集合による積空間の部分集合と位相同型なることである.

この定理の証明のまえにいくつかの必要な定義をのべておこう

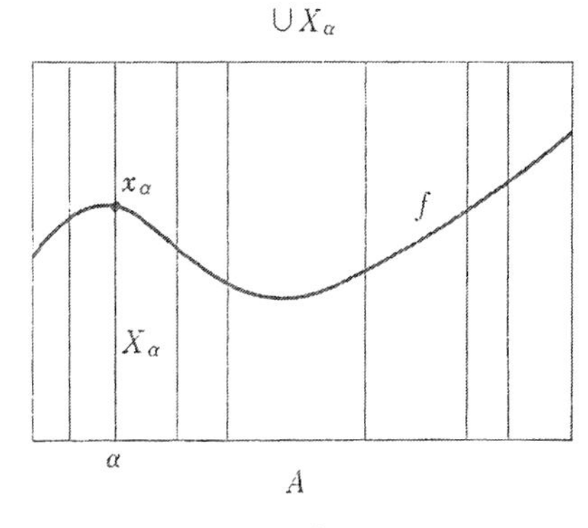

図 10-1

[**定義**] $\{(X_\alpha, \mathcal{T}_\alpha)\,;\, \alpha\in A\}$ を位相空間 $(X_\alpha, \mathcal{T}_\alpha)$ の空でない族とする. αの集合Aを添字集合とし, Aから $\bigcup_{\alpha\in A} X_\alpha$ の中への写像fを, すべての $\alpha\in A$ について $f(\alpha)\in X_\alpha$ なるように定めたとき, すべてのf から出来る集合 $\{f\}$ を $\{X_\alpha\}_{\alpha\in A}$ の**カルテシアン積**[2] といって $\prod_{\alpha\in A} X_\alpha$ とかく. 各写像fを $x=\{x_\alpha\}_{\alpha\in A}$ とあらわす. 但し $x_\alpha\in X_\alpha$.

1) Tichonov's Imbedding Theorem.

2) Cartesian product.

図10-1に示すように $\prod X_\alpha$ は $\bigcup X_\alpha$ に画かれたグラフを各点とする集合である．

［**定義**］ A の任意の元 β に対し写像 π_β は $\prod_\alpha X_\alpha$ から X_β の上への写像で $\pi_\beta(\{x_\alpha\}_{\alpha\in A})=x_\beta$ なるものとするとき，π_β を**射影**といい，X_α, X_β, … を**座標**とよぶ．

［**定義**］ 位相空間 $(X_\alpha, \mathcal{T}_\alpha)$ の族 $\{(X_\alpha, \mathcal{T}_\alpha)\}$ のカルテシアン積 $X=\prod_\alpha X_\alpha$ の位相をつぎのように導入する．

Xの位相の一つの base[1] として，$\prod_\alpha Y_\alpha$ なる形のすべての部分集合の族をとり，これにより生成される位相[2]をXの位相とする．ここで，$\prod_\alpha Y_\alpha$ はαの有限個に対しては Y_α は $(X_\alpha, \mathcal{T}_\alpha)$ の開集合で，他の α に対しては $Y_\alpha=X_\alpha$.

この位相をXの Tichonov の**位相**または**積-位相**という．

［定理］の証明にはいる前につぎの補題を証明しよう．

［**補題**］**III-10-1**　Tichonov 空間の積空間は Tichonov 空間である．

（証明） $X=\prod_\alpha X_\alpha$ $(\alpha\in A)$ とし各 X_α は Tichonov 空間とする．

x, y を X の相異なる2点とする． $x=\{x_\alpha\}$, $y=\{y_\alpha\}$ とするとある α に対して $x_\alpha\neq y_\alpha$. X_α は T_1-空間であるから，G_x, G_y が $(X_\alpha, \mathcal{T}_\alpha)$ の開部分集合で $G_x\ni x_\alpha \not\ni y_\alpha$ かつ $G_y\ni y_\alpha \not\ni x_\alpha$. ゆえに $U_x=G_x\times \prod_{\beta\neq\alpha} X_\beta$, $U_y=G_y\times \prod_{\beta\neq\alpha} X_\beta$ とすると $U_x\ni x \not\ni y$ かつ $U_y\ni y \not\ni x$ で U_x, U_y は X の開集合．ゆえに X は T_1 である．

つぎに F を X の閉集合，x_0 を F に含まれない1点とする． F^c は X の開集合であるから $F^c=\bigcup Y_\lambda$ とかけて，Y_λ は $Y_\lambda=\prod_{\alpha\in A} Y_\alpha$ なる形の集合である．ここに $\prod_{\alpha\in A} Y_\alpha$ は有限個の $\alpha_1, \alpha_2, \cdots, \alpha_n$ に対して Y_{α_i} は X_{α_i} の真の開部分集合，他の α に対しては $Y_\alpha=X_\alpha$ となる集合族の積である．

---

1) $\mathcal{T}$ の部分族 $\mathcal{B}$ が $\mathcal{T}$ の base であるとは，$\forall x\in X$, $\forall x\in G\in\mathcal{T}$ に対して，$\mathcal{B}$ の元 B が存在して $x\in B\subset G$ ならしめ得ることである．

2) $\mathcal{B}$ が $\mathcal{T}$ を生成するとは，$\mathcal{T}$ の元は $\mathcal{B}$ の有限個の元の交わりからなるものの和として表わされることをいう．

$x_0 \in F^c$ であるから，ある β に対して $x_0 \in Y_\beta = \prod_\alpha Y_\alpha$. そこで X_{α_i}は Tichonov 空間であるから X_{α_i} から $[0,1]$ の中への連続写像 f_{α_i} があって，$x_0 = \{x_\alpha{}^0\}$ とするとき $f_{\alpha_i}(x_{\alpha_i}{}^0) = 0$, $f_{\alpha_i}(Y^c_{\alpha_i}) = \{1\}$.

いま，Xの任意の点xに対して $f(x) = \max f_{\alpha_i}(x)$[1] とおくと，$f$ はXから $[0,1]$ の中への連続写像[2] となる．また，$f(x_0) = 0$ であり $\forall x \in F$ なるxに対しては $f(x) = 1$, 従って $f(F) = \{1\}$. ゆえにXは Tichonov-空間である.

(証明終)

([定理] III-10-1 の証明) $[0,1]$ は Tichonov であるから条件が十分であることは [補題] III-10-1 と Tichonov の部分空間がまた Tichonov[3] であることから明らかである.

必要なることの証明.

$(X, \mathfrak{T})$ を Tichonov とする．$\{f_\alpha | \alpha \in A\}$ を X から $[0,1]$ の中への連続写像のすべてからなる集合とし，$P = \prod\{I_\alpha | \alpha \in A\}$ なる積空間を考える．ここにすべての $\alpha \in A$ について $I_\alpha = [0,1]$ とする.

Xの任意の点pに対しては $f(p) = \{f_\alpha(p) | \alpha \in A\}$ なるPの点を割り当てる．これはXからPへの写像fを得たことになる.

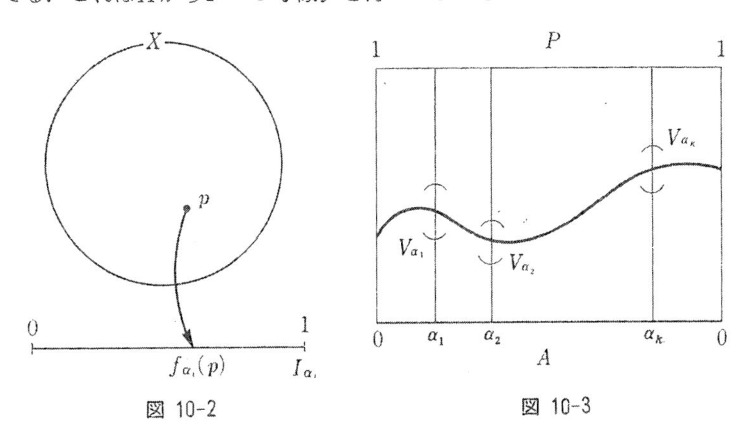

図 10-2　　　図 10-3

1) max. は $i = 1, 2, \cdots, n$ のうちの最大値の意味.
2) f が連続なることは容易に示せる.
3) 第3章 練習問題4参照.

f が位相写像[1]であることを示そう．p, q を X の異なる2点とする．X は Tichonov であるから T_1．ゆえに $\{q\}$ は閉集合．そこで A のある α に対して $f_\alpha(p)=0,\ f_\alpha(q)=1$ で $0 \leqq f_\alpha \leqq 1$．従って $f(p) \neq f(q)$．ゆえに f は1対1写像である．つぎに $f(p)$ の近傍 V を考える．$\alpha \in A$ のうち有限個の $\alpha_1, \alpha_2, \cdots, \alpha_k$ に対して $f_{\alpha_i}(p)$ の近傍 V_{α_i} が定まって

$$V' = \prod_{i=1}^{k} V_{\alpha_i} \times \Pi\{I_\alpha | \alpha \neq \alpha_i,\ i=1, 2, \cdots, k\} \subset V.$$

ところで $f_{\alpha_i}(p)$ $i=1, 2, \cdots, k$ は連続写像であるから，p の近傍 U が存在して，任意の $q \in U$ に対して $f_{\alpha_i}(q) \in V_{\alpha_i}$．ゆえに $q \in U$ ならば $f(q) = \{f_\alpha(q) | \alpha \in A\} \in V' \subset V$．ゆえに $f(U) \subset V$[2]．従って f は連続．

また，X の点 p の近傍 U を考える．X は Tichonov であるから $\alpha \in A$ なる α が存在して $f_\alpha(p)=0,\ f_\alpha(X-U)=\{1\},\ 0 \leqq f_\alpha \leqq 1$．ここで U は開集合とはきまらないが U のなかに p を含む開集合 U' がとれるから，$X-U \subset X-U'$ で $f_\alpha(p)=0,\ f_\alpha(X-U')=\{1\}$ となり，これより $f_\alpha(X-U)=\{1\}$ が導かれるのである．

さて，$V=U_\alpha \times \Pi\{I_{\alpha'} | \alpha' \neq \alpha\},\ U_\alpha=[0, 1)$ とすると V は $f(p)$ の近傍となる．$p' \notin U$ ならば $f_\alpha(p')=1$ であるから $f(p') \notin V$．ゆえに $f(p') \in V$ ならば $p' \in U$．すなわち $q' \in V \cap f(X)$ ならば $f^{-1}(q') \in U$．これは f^{-1} が連続であることを示す．

ゆえに f は X から P の部分空間 $f(X)$ への位相写像である．

（証明終）

§11　正規空間

自然の形で空間の点を分ける手だてに，T_2-空間の場合の一方の点を閉集合としたのが T_3-空間であった．当然つぎには両方を閉集合にする公理

1）写像が1対1，連続でかつ逆写像が連続な場合，位相写像という．

2）$(X, \mathcal{T}_X)$ から $(Y, \mathcal{T}_Y)$ の中への写像 f が連続であることはつぎの i）かまたはこれと同値な ii）の成立することである．この場合は ii）による．

　i）$\forall G \in \mathcal{T}_Y$ に対し $f^{-1}(G) \in \mathcal{T}_x$．

　ii）$\forall G \in \mathcal{T}_Y$ に対し，$\mathcal{T}_X$ の元 G' が存在して $f(G') \subset G$．

が考えられる.

このように自然に拡張してゆくことが更にまだ考えられるわけだが，一寸この種の手だての拡張に批判の目を向けなければならない.

勿論，分離公理設定の本来の目標であるところの距離空間や実数自体に近づけてゆくことから外れてしまっては何にもならないのだが，たとえばこれが順調に目標に近づいていたとしても，足ぶみをしたり；または順序が逆になってしまってはならないので，そのあたりを充分チェックしてゆかなければならない．先にも触れたように，$T \to T_0 \to T_1 \to T_2$ までの段階には問題はなかった．ところが T_3 の場合になると，T_3 のまえに [R] を入れて，[R] だけでは T_2 とはつながらないで，[R]$+T_1$ としてこの系列に入ることが出来てこれを T_3 として $T_2 \to T_3$ の図式が出来たわけである．[CR] の場合も同様であった.

実は本節で導入する公理 [N] にもまた同様のことがあるばかりではなく，今度は [R]→[CR] の図式に類似の図式は出来ず，[N] が入ることによって [CR] に相当するものはいつの間にか入ってしまっているということになるのである．つまり，[CR] に相当するものは [定理] として導き出され，これによって改めて [R]と[CR] の関係が評価されようというのである.

このように，[R], T_3 以後になると点の分離の方向も単純ではなくなるので，これらの公理間の独立性や従属性の図式を作り出すために数多くの実例が要求される．しかし，このような例を案出することは時には大変な仕事であって，本節に引用する Niemytzki（ニームツキー）の例など1940年になってはじめて発見されたものである．このあたりは位相空間論で空間の構造のあり様を見るのにもっとも興味が持たれる一つの山であるから充分賞味して戴き度い.

[定義]　位相空間 $(X, \mathfrak{T})$ がつぎの Urysohn の公理 [N] を満たすとき**正規空間**[1] であるという.

[N]　$(X, \mathfrak{T})$ の互に素な二つの閉集合 F_1, F_2 に対して，二つの開集

1) normal space.

合 G_1, G_2 がとれて，$G_1 \cap G_2 = \phi$，$F_1 \subset G_1$，$F_2 \subset G_2$ ならしめうる．

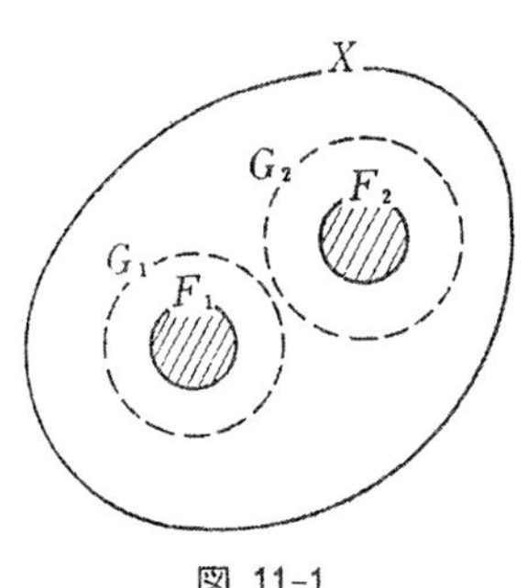

図 11-1

［定義］　正規空間が T_1-空間でもあるとき **T_4-空間**という．

さて，$T \to T_0 \to T_1 \to T_2$ の図式は更に $T_2 \to T_3 \to T_4$ と続くことは明らかであるが，正規空間は必ずしも正則空間とは限らない．つまり［R］→［N］とはならないことはつぎの例に示される．

$(X, \mathcal{T})$ として $X = \{a, b, c\}$，$\mathcal{T} = \{\phi, \{a\}, \{b\}, \{a, b\}, X\}$ とする．この空間は T_0-空間であるが T_1-空間ではない．また1点とこれを含まない閉集合をえらぶと，それらをそれぞれ含む互に素な開集合は存在しない．たとえば，1点 a と閉集合 $\{b, c\}$ をとってみると，$\{b, c\}$ を含む開集合は X だけだから a を含んでしまう．ゆえに $(X, \mathcal{T})$ は正則空間ではない．しかし，$(X, \mathcal{T})$ の閉集合は $X, \{b, c\}, \{a, c\}, \{c\}, \phi$ であって，このうちの互に素な組といえば一方が ϕ の場合に限るから公理［N］が必ず満たされることとなり，従って $(X, \mathcal{T})$ は正規空間となる．

さて，$T_3 \to T_4$ の図式は成立し，［R］→［N］の図式は必ずしも成立しな

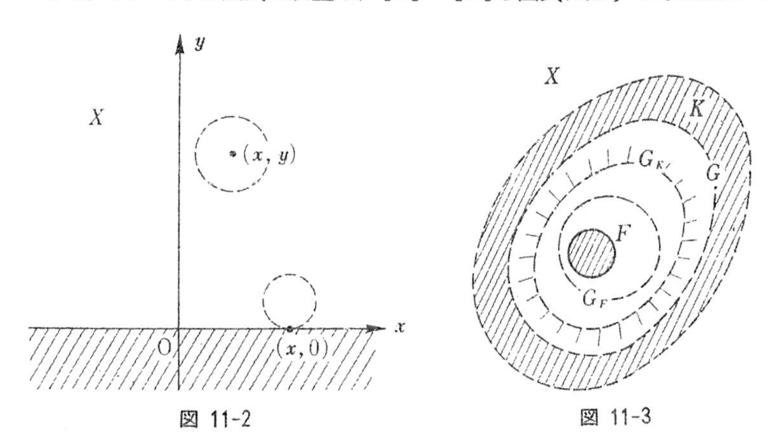

図 11-2　　図 11-3

いことは示されたが，これだけでは T_3 と T_4 とが異なる空間かどうかは示されていない．Niemytzki の考えたつぎの例は T_3-空間ではあるが T_4-空間ではない例として有名である．証明は長くなるので省略する[1]．

［例］ 半平面 $X=\{(x,y)\mid x\in \boldsymbol{R}, y\geqq 0\}$ につぎのように位相を入れる．点の近傍系の open base として，$y>0$ なる (x,y) に対しては，(x,y) を中心とする X に含まれる円の内部，$(x,0)$ に対しては，この点で x 軸に接し x 軸の上側にある円の内部に $(x,0)$ を附加したものと定める．

正規空間でも正則空間の［定理］III-9-1 と同じようなつぎの定理が成立しよく使われる．

［定理］III-11-1 位相空間 $(X,\mathfrak{T})$ が正規空間であるための必要十分条件は，任意の閉部分集合 F とそれを含む開集合 G に対して開集合 G^* が存在して，$F\subset G^*\subset \overline{G^*}\subset G$ とすることが出来ることである．

（証明） 必要であることの証明．

$(X,\mathfrak{T})$ を正規空間とし，F を開集合 G に含まれる閉集合とする．$K=X-G$ とすると K は閉集合で $F\cap K=\phi$．従って［N］によって二つの互に素な開集合 G_F, G_K が存在して $F\subset G_F$, $K\subset G_K$．

ここで $G_F\subset X-G_K$ であるから $\overline{G_F}\subset \overline{X-G_K}=X-G_K\subset X-K=G$ この G_F が定理の G^* となる．

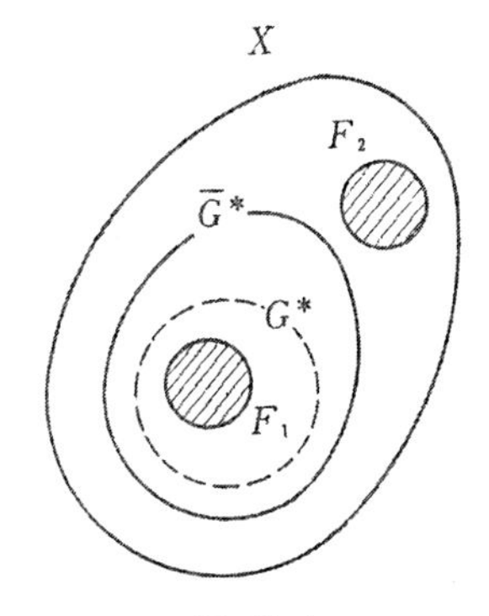

図 11-4

十分なることの証明．

F_1, F_2 を互に素な閉部分集合とする．$F_1\subset X-F_2$ で $X-F_2$ は開集合であるから，開集合 G^* が存在して $F_1\subset G^*\subset \overline{G^*}\subset X-F_2$．これから $F_2\subset X-\overline{G^*}$ となり $X-\overline{G^*}$ は開集合であって $G^*\cap(X-\overline{G^*})=\phi$．従って $(X,\mathfrak{T})$ は正規空間である．（証明おわり）

つぎに述べる Urysohn の補題は［R］から更に厳しい条件の［CR］が得られた正則空間とは事情が異なり，正規空間では公理［N］のなかに

1) 竹之内脩著；トポロジー（広川書店刊）p. 140 問 1 参照．

[CR] に相当するものが含まれてしまうことを示している．つまりそれだけ [N] の方が厳しい公理となっているわけである．このことより $T_{3\frac{1}{2}} \to T_4$ の図式が得られる．

[定理] III-11-2 (Urysohn's lemma)　位相空間 $(X, \mathfrak{T})$ が正規であるための必要十分な条件は二つの互に素な閉部分集合 F_1, F_2 について，X から $[0, 1]$ の中への連続な写像 f が存在して，$f(F_1)=\{0\}$, $f(F_2)=\{1\}$ ならしめ得ることである．

（証明）　十分であることの証明．

X から $[0,1]$ の中への連続写像 f が存在すれば，$f^{-1}\left(\left[0, \frac{1}{2}\right)\right)$ と $f^{-1}\left(\left(\frac{1}{2}, 1\right]\right)$ は F_1, F_2 を含む互に素な開集合であるから X は正規となる．

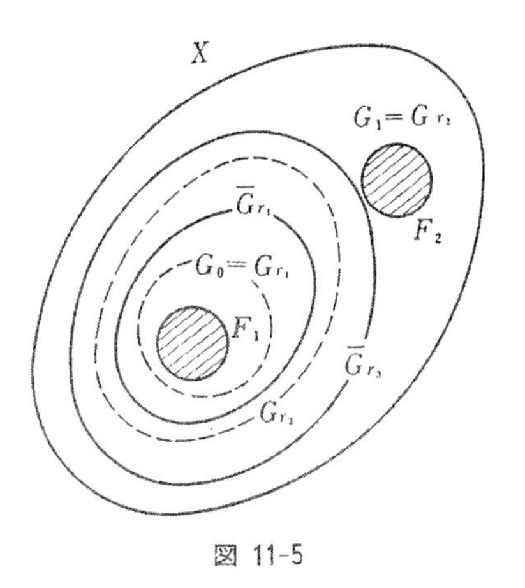

図 11-5

必要であることの証明．

$(X, \mathfrak{T})$を正規空間とし，F_1, F_2 を互に素な閉部分集合とする．任意の有理数 r に対してつぎのように開集合 G_r を対応させる．

$r<0$ ならば $G_r=\phi$, $r>1$ ならば $G_r=X$.

$[0, 1]$ のすべての有理数は可附番個であるからこれを $\{r_n\}_{n\in N}$ とし特に $r_1=0$, $r_2=1$ とする．

$G_{r_2}=G_1=X\backslash F_2$ (開集合) とすると $G_{r_2}=G_1\supset F_1$. この G_1 に対して G_0 なる開集合がとれて $F_1\subset G_0\subset\overline{G_0}\subset G_1$.

([定理] III-11-1)　　この G_0 を G_{r_1} とする．

r_3 に対しては $r_1<r_3<r_2$ で $\overline{G_{r_1}}$ と F_2 が互に素な閉集合となっているから $X\backslash F_2\supset\overline{G_{r_1}}$ となって，従ってつぎの式をみたす G_{r_3} が存在する．

$$F_1\subset G_{r_1}\subset\overline{G_{r_1}}\subset G_{r_3}\subset\overline{G_{r_3}}\subset G_{r_2}=X\backslash F_2.$$

一般に $n \geqq 3$ に対しては G_{r_n} を帰納的につぎのように定める.
$i, j < n$ で $r_i < r_n < r_j$ であるような最大の r_i と最小の r_j に対して

$$\overline{G_{r_i}} \subset G_{r_n} \subset \overline{G_{r_n}} \subset G_{r_j}$$

であるような G_{r_n} を定める.

このように定められた$\{G_{r_n}\}$を用いてXの任意の点xに対し $g(x) = \inf \{r ; x \in G_r\}$ として $g(x)$ を定める.

そうすると $\{x ; g(x) < q\} = \cup \{G_r ; r < q\}$
$\{x ; g(x) > p\} = \cup \{X \backslash \overline{G_r} ; r > p\}$

であるから $g^{-1}((p, q))$ は開集合となって, $g(x)$ が連続なことがわかる.
また明らかに, $g(F_1) = \{0\}$, $g(F_2) = \{1\}$. よってこの $g(x)$ が求める写像である. (証明終)

この定理から正規空間は完全正則空間であるとは直ちにはいえない.
T_1 の条件があると成立することはつぎの定理が保証する. つぎの定理の証明の後半から $T_3 \to T_{3\frac{1}{2}}$ の図式が保証され, これで $T \to T_0 \to T_1 \to T_2 \to T_3 \to T_{3\frac{1}{2}} \to T_4$ の図式が完成したこととなる.

[定理] III-11-3 正規空間が完全正則空間であるための必要十分条件はその空間が正則なることである.

(証明) 必要であることの証明.

$(X, \mathfrak{T})$ を正則かつ正規である空間とし, F をその閉部分集合とする.
Fに含まれない1点をxとする. このとき$x \in X \backslash F$ (開集合) となるから, 正則性より開集合Gが存在して $x \in G \subset \overline{G} \subset X \backslash F$. ゆえに $\overline{G} \cap F = \phi$.

Fも$\overline{G}$も閉集合であるから [定理] III-11-2 によりXから $[0, 1]$ の中への連続写像fが存在して$f(F) = \{1\}$, $f(\overline{G}) = \{0\}$. $x \in \overline{G}$ より $f(x) = 0$.
ゆえに $(X, \mathfrak{T})$ は完全正則である.

十分なることの証明.

$(X, \mathfrak{T})$ が完全正則とすれば, 閉部分集合Fとそれに含まれない点xに対して, Xから$[0, 1]$の中への連続写像fが存在して $f(x) = 0$, $f(F) = \{1\}$.

$f^{-1}\left(\left[0, \frac{1}{2}\right)\right) = G_1$, $f^{-1}\left(\left(\frac{1}{2}, 1\right]\right) = G_2$ とすれば G_1, G_2 は fが連続なる

ことより開集合で $G_1 \cap G_2 = \phi$ かつ $x \in G_1$, $F \subset G_2$. ゆえに $(X, \mathcal{T})$ は正則である.　　（証明おわり）

分離公理はここまででも既にみたようにかなり複雑な様相を示してくる. この方向での拡張を続けたものとしてはつぎの二つの空間をはじめ更に多くの空間が考えられている. これらについては, 第6章, 第7章で述べる予定のコンパクト性とも深い関係があるので第9章で一括して触れるつもりである.

［定義］ 位相空間 $(X, \mathcal{T})$ がつぎの Tietze（ティェツ）の公理をみたすとき**全部分正規空間**[1),2)] であるという.

［CN］ A と B が二つの分離された[3)] 部分集合であるとき互に素な開集合 G_1, G_2 が存在して $G_1 \supset A$ かつ $G_2 \supset B$ ならしめ得る.

［定義］ 正規空間 $(X, \mathcal{T})$ の任意の閉集合が G_δ[4)] であるとき**完全正規空間**[5)] という.

練習問題

1. T_3-空間は T_2-空間であることを示せ.
2. T_4-空間は T_3-空間であることを示せ.
3. 正則空間が T_0-空間であるならば T_3-空間であることを証明せよ.
4. 完全正則空間の部分空間はまた完全正則空間であることを証明せよ.
5. $\{X_\alpha\}(\alpha \in A)$ は空でない位相空間の族とする. $X = \prod_\alpha X_\alpha$ に積-位相を入れたとき
   i) 射影 π_α は連続でかつ開写像[6)] なることを示せ.
   ii) 積-位相は各射影 π_α を連続にするもっとも粗い位相であることを示せ.

---

1) completely normal space.
2) 全部分正規空間が T_1-空間でもあるとき T_5-空間という.
3) この定義については第8章でくわしくのべる.
4) ある集合 F が G_δ であるとは, F が可附番個の開集合の共通部分として表わされることである.
5) perfectly normal space.
6) 写像 f が $(X, \mathcal{T}_X)$ から $(Y, \mathcal{T}_Y)$ の中への写像のとき, $G \in \mathcal{T}_X$ に対して $f(G) \in \mathcal{T}_Y$ ならば, 開写像という.

練習問題の略解

1．$(X, \mathcal{T})$ が T_3-空間であるとき，2点 x, y $(x \neq y)$ をとると $\{y\}$ は閉集合．従って開集合 G_1, G_2 が存在して，$x \in G_1$, $y \in G_2$, $G_1 \cap G_2 = \phi$．ゆえに $(X, \mathcal{T})$ は T_2-空間である．

2．$(X, \mathcal{T})$ が T_4-空間であるとき，1点xとこれを含まない閉集合Fがあるとき，$\{x\}$ もまた閉集合となる．従って，開集合 G_1, G_2 が存在して，$x \in G_1$, $F \subset G_2$, $G_1 \cap G_2 = \phi$．ゆえに $(X, \mathcal{T})$ は T_3-空間である．

3．$(X, \mathcal{T})$ が正則かつ T_0 とする．2点 x, y $(x \neq y)$ をとると，x を含み y を含まない開集合があるか，y を含み x を含まない開集合がある．いま前者であったとすると，その集合をGとするとき $x \in G$, $y \notin G$．$X \backslash G$ は閉集合で y を含み x を含まない．正則性より開集合 G_1, G_2 が存在して $x \in G_1$, $X \backslash G \supset G_2$, $G_1 \cap G_2 = \phi$．ゆえに，$x \in G_1, y \in G_2$ かつ $G_1 \cap G_2 = \phi$．従って $(X, \mathcal{T})$ は T_1-空間である．ゆえに $(X, \mathcal{T})$ は T_3-空間となる．

4．$(X, \mathcal{T})$ を完全正則空間とし，$(Y, \mathcal{T}_Y)$ をその部分空間とする．$(Y, \mathcal{T}_Y)$ の点 y と y を含まない閉部分集合を F とする．$(Y, \mathcal{T}_Y)$ が部分空間であるから X の閉部分集合 F_1 が存在して $F = Y \cap F_1$．$y \in X$ で $y \notin F$ であるから $y \notin F_1$ となり，Xから $[0, 1]$ の中への連続写像 f が存在して，$f(y) = 0$, $f(F_1) = \{1\}$．$F \subset F_1$ より $f(F) = \{1\}$．そこで f の定義域をYに限って出来る写像を f_Y とすると，f_Y も連続で $f_Y(y) = 0$, $f_Y(F) = \{1\}$．ゆえに $(Y, \mathcal{T}_Y)$ は完全正則である．

5．i) $(X_\alpha, \mathcal{T}_\alpha)$ の開集合を G_α とすると，$\pi_\alpha^{-1}(G_\alpha) = G_\alpha \times \prod_{\beta \neq \alpha} X_\beta$ この集合は $\prod_\alpha X_\alpha$ の α 座標だけがそこの開集合 G_α に限られ他は X_α 全体であるから積-位相の定義により開集合である．ゆえに π_α は連続．つぎに X の開集合をGとすると，$G = \cup Y_\lambda$ と表わせて Y_λ はXの開集合の base である．ゆえに $Y_\lambda = \prod_\alpha Y_\alpha$ と表わされ，Y_α は有限個の $\alpha_1, \alpha_2, \cdots, \alpha_n$ に対して X_{α_i} の開部分集合，他の α に対しては $Y_\alpha = X_\alpha$．$\pi_\alpha(G) = \pi_\alpha(\cup Y_\lambda) = \cup(\pi_\alpha(Y_\lambda))$ であるから $\pi_\alpha(Y_\lambda)$ が開集合なること

が示されれば，$\pi_\alpha(G)$ は開集合なることが保証される．ところが $Y_\lambda = \prod_\alpha Y_\alpha$ であるから $\pi_\alpha(Y_\lambda)=Y_\alpha$，ゆえに $\alpha=\alpha_i$ のときは $\pi_\alpha(Y_\lambda)=Y_{\alpha_i}$，その他のときは $\pi_\alpha(Y_\lambda)=Y_\alpha=X_\alpha$．何れにしても $\pi_\alpha(Y_\lambda)$ は開集合であって，従って π_α は開写像である．

ii）Xのある位相 $\mathcal{T}$ に於て，π_α が連続であるとする．すなわち $(X_\alpha, \mathcal{T})$ の開集合を G_α とするとき $\pi_\alpha^{-1}(G_\alpha)\in\mathcal{T}$．$\pi_\alpha$ が射影であることより $\pi_\alpha^{-1}(G_\alpha)=G_\alpha\times\prod_{\beta\neq\alpha}X_\beta$ とかける．これはXの 積-位相 の開集合の base の一般の形であるから，$\mathcal{T}$ は 積-位相 の開集合をすべて含むこととなる．すなわち，積-位相 は射影を連続にするもっとも粗い位相であることが示された．

第6章　コンパクト空間（その1）

§12　定義と基礎的な性質

位相空間の研究の目標の一つは実数の性質を解明することであった．実数のある性質がどんな本質的な性質から導かれるかを解明するのに，集合に段々条件を挿入していって，距離空間から実数にまで到達する段階のそれぞれの場所で，どのような性質が出てくるかを調べるとその性質の依存する本質がわかるのである．

第3章で位相空間に分離公理をつぎつぎに入れていって，T_0-空間，T_1-空間，T_2-空間，正則空間，正規空間 等を作ってゆき，それぞれの空間でたとえば点列の収束の状況などを調べたわけである．これは上記の目標の一つの実行の方法であった．

このように位相的な条件を導入して距離空間に近づける方法にもう一つある．こちらの方は段階的に条件を挿入するのではないが，一つの条件―コンパクト―を与えると非常に数多い結果が生まれて，実数のある部分集合が持つ性質と類似の性質が得られる．更にこの条件をいくらか変えてみると分離公理の方で到達する空間と同じものが出てくることが知られる[1]．

それ故にこの条件―コンパクト―は非常に重要なものとなるので本章で

---

1) Stone の一致の定理 A. H. STONE Paracompactness and product spaces. Bull. Am. Math. Soc. 54, 977-982.

その概略をのべてみよう．

位相空間 $(X, \mathcal{T})$ とその部分集合の族 $\mathcal{U}=\{U_\lambda\}_{\lambda\in\Lambda}$ があって，　$X=\bigcup_{\lambda\in\Lambda} U_\lambda$ であるとき $\mathcal{U}$ を X の**被覆** (cover または covering) といい，U_λ がすべて開集合であるとき**開被覆** (open cover または open covering) という．

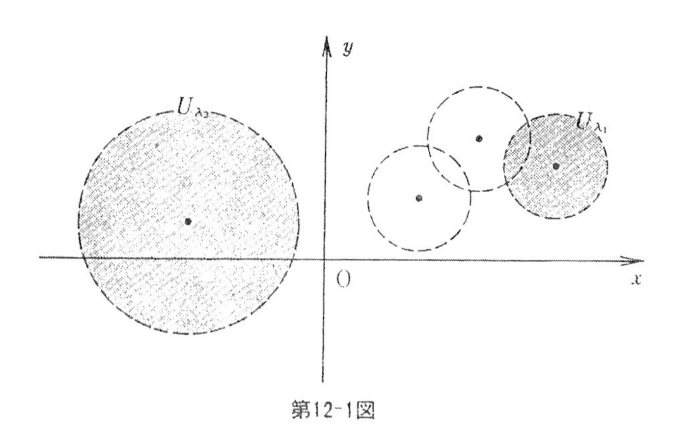

第12-1図

たとえば xy-平面の各点にその点を中心として半径1の円を作り，その内部を U_{λ_1} とすれば，$\mathcal{U}_1=\{U_{\lambda_1}\}_{\lambda_1\in\Lambda_1}$ は明らかに xy-平面の開被覆である．また，半径2の円の内部をそれぞれ U_{λ_2} とすれば $\mathcal{U}_2=\{U_{\lambda_2}\}_{\lambda_2\in\Lambda_2}$ も開被覆となる．そして $\mathcal{U}_3=\mathcal{U}_1\cup\mathcal{U}_2$ もまた開被覆である．

つぎに，$(X, \mathcal{T})$ の被覆 $\mathcal{U}$ の部分族 $\mathcal{U}'=\{U_{\lambda'}\}_{\lambda'\in\Lambda'}$ があって，$\mathcal{U}'$ がまた X の被覆であるとき $\mathcal{U}'$ を $\mathcal{U}$ の**部分被覆** (subcover) という．上例で，$\mathcal{U}_1$ も $\mathcal{U}_2$ も $\mathcal{U}_3$ の部分被覆である．

いま，$(X, \mathcal{T})$ の任意の開被覆が必ず有限個からなる部分被覆 (a finite subcover) を持つとき，空間 $(X, \mathcal{T})$ は**コンパクト**[1] (compact) であるという．

1) コンパクトの定義の仕方もいろいろあるが最近では大体この定義をとるようになった．ビコンパクト (bicompact) という名称を用い，コンパクトには他の性質をあてていたが，いまは区別しないで使う人が多くなった．また，基礎になる空間を T_2-空間に限る人もある．

$(X, \mathfrak{T})$ の部分集合 M は相対位相でコンパクトであるとき，**コンパクト**であるという．つまり M を覆うような X の開部分集合族 $\mathcal{U}=\{U_\lambda\}_{\lambda\in\Lambda}$ があれば，$\mathcal{U}_M=\{M\cap U_\lambda\}_{\lambda\in\Lambda}$ は相対位相で M の開被覆になる．$\mathcal{U}_M$ が有限部分被覆を持つとき M はコンパクトというわけである．

この定義は極めて自然な定義であるので，空間がコンパクトであるということと，その部分集合がコンパクトであることとはそんなに意識的に区別しないで使っている．しかし，必要ならば，はっきり定義に戻って考えてみたらよいと思う．

つぎの有名な**ハイネ・ボレル** (Heine-Borel) **の定理**は，u-トポロジー[1]に於ける実数では，有界閉集合がコンパクトであることを示している．

[定理] IV-12-1　(Heine-Borel)

開区間よりなる集合族 $\mathcal{U}$ が，有界閉集合 F を覆うならば，F は $\mathcal{U}$ のうちの有限個だけで覆われる．

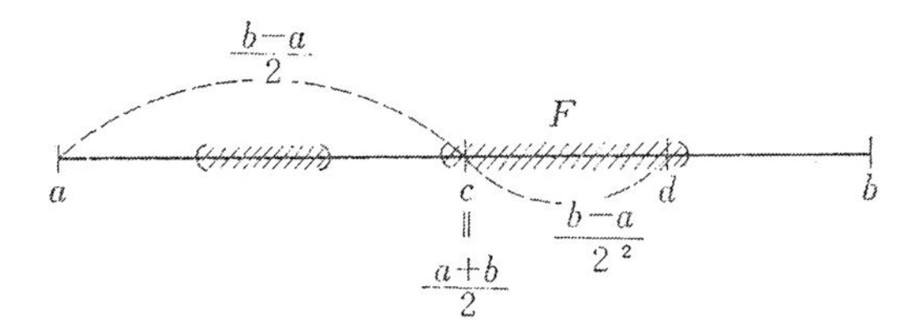

第12-2図

(証明)　F は有界であるからある閉区間 $[a, b]$ をとって，$[a, b]\supset F$ とすることが出来る．$c=\dfrac{a+b}{2}$ として，$[a, b]$ を $[a, c]$, $[c, b]$ の二つの閉区間にわける．もしこの定理が成立しないとすると $[a, c]$, $[c, b]$ のどちらかで成立しない．いま $[c, b]$ で成立しないとし，$F\cap[c, b]$ を F_1 とする．F_1 は閉集合である．このようなことを繰返えして，閉集合の無限個の列 $F\supset F_1\supset F_2\supset\cdots$ が得られて，定理はその何れに対しても成り立たない．F_n を含む閉区間の長さは $\dfrac{b-a}{2^n}$ であって $\lim\limits_{n\to\infty}\dfrac{b-a}{2^n}=0$ である

1) 第2章§4 参照

から，$\bigcap_{i=1}^{\infty} F_i$ は唯一点 P_0 である[1]．P_0 はFの点であるから$\mathcal{U}$のどれかの区間の内点である．従って十分大きいnに対して F_n はこの区間のなかに入る．これはどの F_n に対しても定理が成り立たないという仮定に反する．ゆえにこの定理は真である．　　　　　　　　　　　　　　　　　（証明終）

上の定理は実数の場合に，実数の連続性という性質を用いて証明が出来たわけであるが，われわれはこの基本的な性質をはじめに公理として，空間またはその部分集合に要請しようというのである．

このように公理的要請によって定義されたコンパクト空間またはコンパクト集合のいろいろな性質を調べることにしよう．

まず，任意の集合族 $\{A_\mu\}_{\mu\in M}$ のどの有限個の部分族の交わりも空とならないとき，$\{A_\mu\}_{\mu\in M}$ は**有限交叉性**(the finite intersection property, 略して f. i. p.) を持つという．

つぎの定理が成立する．

［定理］Ⅳ-12-2

位相空間 $(X, \mathcal{T})$ の有限交叉性をもつ閉集合の族が，つねに空でない共通集合をもつための必要十分条件は，この空間がコンパクトなることである．

（証明）$(X, \mathcal{T})$ をコンパクトとする．有限交叉性を持つ閉部分集合の族 $\{F_\lambda\}_{\lambda\in\Lambda}$ があって，$\bigcap_{\lambda\in\Lambda} F_\lambda=\phi$ とする．$(\bigcap_{\lambda\in\Lambda} F_\lambda)^c=\bigcup_{\lambda\in\Lambda} F_\lambda{}^c$ [2] $=X$ であるから $\{F_\lambda{}^c\}_{\lambda\in\Lambda}$ はXの開被覆である．従って，ある有限個の部分被覆 $\{F_{\lambda_i}{}^c\}_{i=1,2,\ldots,n}$ が存在する．すなわち，$\bigcup_{i=1}^{n} F_{\lambda_i}{}^c=X$．ゆえに $(\bigcup_{i=1}^{n} F_{\lambda_i}{}^c)^c=\bigcap_{i=1}^{n} F_{\lambda_i}{}^{cc}$ [3] $=\bigcap_{i=1}^{n} F_{\lambda_i}=\phi$．これは $\{F_\lambda\}_{\lambda\in\Lambda}$ の有限交叉性に反する．

逆に，有限交叉性を持つ閉部分集合族はみなその集合の交わりが空にならないような空間がコンパクトであることを同様に示すことができる．

（証明終）

1) カントール (Cantor) の定理と区間縮少法から．
2) ド・モルガン (De Morgan) の法則
3) ド・モルガンの法則

この定理からコンパクトであることの定義の他の形として閉部分集合族の有限交叉性を取ってもよいことがわかる．つぎの定理もまた重要である．

[定理] IV-12-3

コンパクト空間の閉部分集合はコンパクトである．

(証明) $(X, \mathcal{T})$ をコンパクト空間とし，F を X の閉部分集合とする．$\{U_\lambda\}_{\lambda\in\Lambda}$ を F の開被覆[1] とすると，F^c は開集合で $(\bigcup_{\lambda\in\Lambda} U_\lambda)\cup F^c=X$．ゆえに $\{U_\lambda\}\cup F^c$ は X の開被覆である．X はコンパクトだから，$\{U_{\lambda_i}\}_{i=1,2,\dots,n}$ または，$F^c\cup\{U_{\lambda_i}\}_{i=1,2,\dots,m}$ が X の開被覆となる．従って $F\subset \bigcup_{i=1}^{n} U_{\lambda_i}$……① または $F\subset F^c\cup(\bigcup_{i=1}^{m} U_{\lambda_i})$……②．

②に於て $F\cap F^c=\phi$ であるから $F\subset \bigcup_{i=1}^{m} U_{\lambda_i}$ 従って①でも②でも $\{U_\lambda\}$ の有限個の部分被覆がとれることとなる．ゆえに F はコンパクトである．

(証明終)

練習問題 1

1. 二つの位相空間 $(X, \mathcal{T}_1)$, $(X, \mathcal{T}_2)$ があって $(X, \mathcal{T}_1)$ はコンパクトで，$\mathcal{T}_2\subset\mathcal{T}_1$ であれば，$(X, \mathcal{T}_2)$ もコンパクトであることを示せ．
2. [定理] VI-12-2 の逆を証明せよ．
3. 空間 X は，二つの無限集合 X_1, X_2 の和集合で，$X_1\cap X_2=\phi$ とする．

   X の各点 x の近傍をつぎのように定める．

   $x\in X_1$ のとき，x を含み X_1 に含まれる集合 V で，X_1-V が有限集合であるようなもの V を含むもの．

   $x\in X_2$ のとき，X_1 に含まれる集合 W で，X_1-W が有限集合であるようなものをとり，$\{x\}\cup W$ を含むもの．

   このとき，X は位相空間で X_1 はコンパクトであり，X_2 はコンパクトでないことを示せ．

---

1) 正しくは相対位相で F の開被覆というのであるが先にものべたように $\{U_\lambda\cap F\}$ を考えることによって要求は直ちに満たされるので普通このような表わし方をする．

練習問題の略解

1. $(X, \mathcal{T}_2)$ の開被覆は $\mathcal{T}_2 \subset \mathcal{T}_1$ より $(X, \mathcal{T}_1)$ の開被覆になることより直ちにいえる．

2. $(X, \mathcal{T})$ の閉部分集合族は有限交叉性を持てば，全集合の交わりは空でないとする．いま，$(X, \mathcal{T})$ がコンパクトでないとすると $(X, \mathcal{T})$ のある開被覆 $\{U_\lambda\}_{\lambda\in\Lambda}$ のどの有限部分族 $\{U_{\lambda_i}\}_{i=1,2,\dots,n}$ をとっても $(X, \mathcal{T})$ を被覆しない．すなわち，$\bigcup_{i=1}^{n} U_{\lambda_i} \neq X$．$\therefore \bigcap_{i=1}^{n} U_{\lambda_i}{}^c \neq \phi$．従って閉部分集合族 $\{U_\lambda{}^c\}_{\lambda\in\Lambda}$ が有限交叉性をもつこととなり，仮定より $\bigcap_{\lambda\in\Lambda} U_\lambda{}^c \neq \phi$．$\therefore \bigcup_{\lambda\in\Lambda} U_\lambda \neq X$．これは $\{U_\lambda\}_{\lambda\in\Lambda}$ が被覆であることに反する．

3. $x \in X_1$ でも $x \in X_2$ でも近傍系の公理，N_1, N_2, N_3, N_4[1] を満たすことは明らかである．従って X は位相空間である．X_1 の任意の開被覆 $\{U_\lambda\}_{\lambda\in\Lambda}$ をとる．X_1 の任意の点 x に対してある U_{λ_0} が存在して，$x \in U_{\lambda_0}$．U_{λ_0} は開集合であるからある V が存在して $x \in V \subset U_{\lambda_0}$ であって，$X_1\text{-}V$ は有限集合．この有限集合を $x_1, x_2, \cdots, x_n$ とすると，各 x_i に対して U_{λ_i} が存在して $x_i \in U_{\lambda_i}$．$X_1 \subset \bigcup_{i=1}^{n} U_{\lambda_i}$ であるから X_1 はコンパクト．

X_2 の点 x に対し $\{x\} \cup X_1$ は x を含む開集合である．$U_x = \{x\} \cup X_1$ とおくと $\{U_x\}_{x\in X_2}$ は X_2 の開被覆であるがどの有限個の部分族も X_2 を被覆しない．ゆえに X_2 はコンパクトではない．

§13 可算コンパクトと列的コンパクト

コンパクトに類似の性質で，コンパクト空間の性質の解明に重要な役割をはたすいくつかの概念がある．これらは，空間に条件をつけることにより一方が他方から導かれる性質になり，他の条件では互いにくい違った性質になったりする．興味あるものを挙げてみよう．

そのまえに基礎的な定義を幾つか与えておく[2]．

---

1) 第3章§6 参照
2) 既に述べた定義もあるが，重要なものはもう一度与えておくこととする．

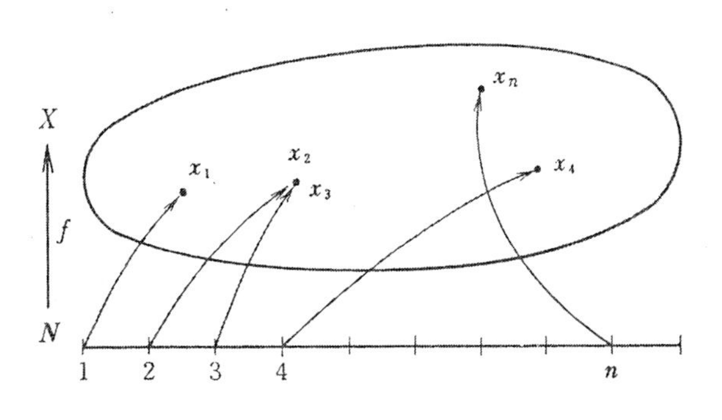

第13-1図

自然数の集合 $\boldsymbol{N}$ から位相空間 $(X, \mathcal{T})$ への写像 f を空間 X の**点列**といい，$f(n)=x_n$ とかいて，点列を $\{x_n\}$ であらわす．

点列 $\{x_n\}$ が X の点 x に**収束する**とは，x の任意の近傍 U に対して，番号 n_0 が定まり，$n \geqq n_0$ なる任意の自然数 n に対して $x_n \in U$ となることである．このとき x を $\{x_n\}$ の**極限点**という．簡単にいえば，ある番号 n_0 から先の点は全部 U に入ってしまうことである．

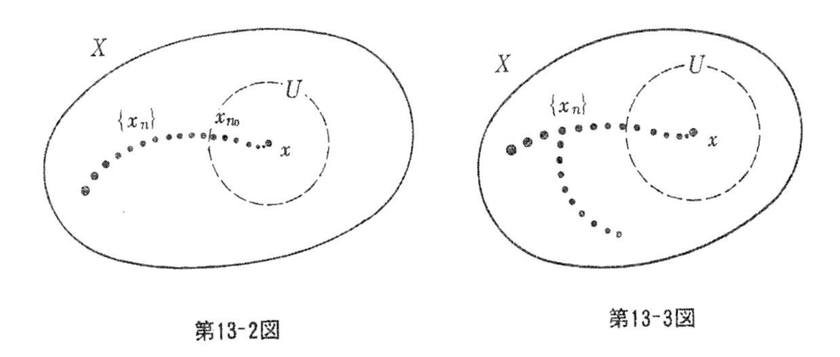

第13-2図　　第13-3図

また，X の点 x が**点列** $\{x_n\}$ **の集積点**であるとは，x の任意の近傍 U と任意の自然数 n に対して，n よりも大きな自然数 m が少くも一つ存在して，$x_m \in U$ となることである．簡単にいえば，x のどんな近傍のなかにも，十分大きな番号の x_m が無数に(同一の点を何回も数えることもある)入っていることである．

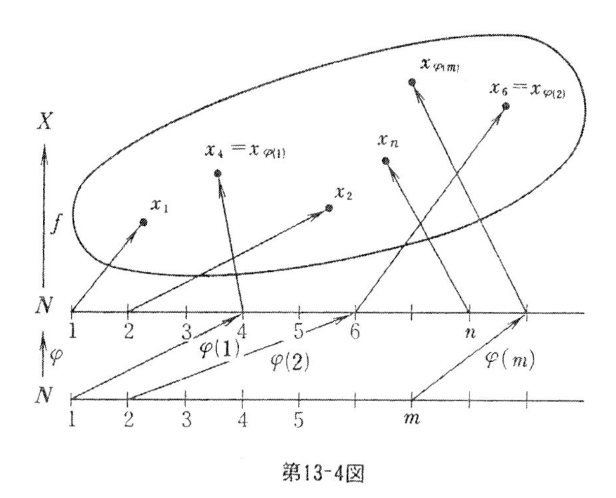

第13-4図

点列 $\{x_n\}$ の**部分列**とは，$\boldsymbol{N}$ から $\boldsymbol{N}$ への狭義の単調増加の写像 φ があるとき，$\boldsymbol{N}$ から X への写像 $f\circ\varphi$ のことである．簡単にいえば $\{x_n\}$ の順序を保ってその一部分(無限個)をとって番号をつけ直して出来た点列 $\{x_{\varphi(n)}\}$ のことである．

$(X, \mathcal{T})$ の**部分集合 A の集積点**[1] a とは，a の任意の近傍 U に対して $A\cap U-\{a\}\neq\phi$[2] であるような点のことである．簡単にいえば，a のどんな近傍も a 以外の点で A と交わるということである．

さて，コンパクトと類似な性質の幾つかを定義しよう．

(1)　位相空間 $(X, \mathcal{T})$ がつぎの性質(C)をもつとき，**可算コンパクト**であるという．

(C)　任意の可算個の開被覆が有限部分被覆をもつ．

(2)　位相空間 $(X, \mathcal{T})$ がつぎの性質(S)をもつとき，**列的コンパクト**であるという．

(S)　任意の点列が収束部分列をもつ．

(3)　位相空間 $(X, \mathcal{T})$ がつぎの性質(BW)をもつとき，**BW コンパ**

1) 点列の集積点とは定義が異なることに注意．
2) $A\cap U\neq\phi$ とした点 a は A の**触点**といい，$\bar{A}$ の点である．

クト[1] であるという.

(BW) 無限個からなる任意の部分集合が少くとも一つの集積点をもつ.

コンパクトと同様に上記 (1), (2), (3) とも, $(X, \mathcal{T})$ の部分集合についても定義されるが, そのときは相対位相において定義が満たされていることである. これらについてはつぎの幾つかの定理がなり立つ.

〔定理〕 **IV-13-1**

位相空間 $(X, \mathcal{T})$が可算コンパクトであるための必要十分条件はその任意の点列が集積点をもつことである.[2]

(証明) 必要であること. $(X, \mathcal{T})$ を可算コンパクトとする. $\{x_n\}$ を X の点列とし集積点を持たないとする. どの X の点xに対しても開近傍 $U(x)$が存在して, $U(x)-\{x\}$は$\{x_n\}$の点を一つも含まない. $\bigcup_{n=1}^{\infty} x_n=X'$ とすると X' は集積点を持たないから閉集合である . 従って $(X')^c$ は開集合. 各 x_n に対して上の $U(x_n)$ を定めると $U(x_n)$ は x_n と異なる $\{x_n\}$ の点は含まない. そこで, $\{U(x_n)\}_{n\in N}\cup(X')^c$ を考えればこれは X の可算開被覆である. ゆえに有限個の部分被覆を持つ. このことから $\{x_n\}$ のうち異なるものは有限個しかないことがわかって, x_n のうち少くも一つは無限回数えられているので, 集積点になっている. これは仮定に反する.

十分であること. ある可算開被覆は有限個の部分被覆を持たないとする. これを $\{U_n\}_{n\in N}$ としよう. $U_1\ni x_1$とし, $U_1\cup U_2$ に U_1 に含まれない点があれば x_2 とし,なければ $U_1\cup U_2\cup U_3$ から U_1 に含まれない点をとって x_2 とする. 更にここにも U_1 に含まれない点がないときは, 順にすすめていっ

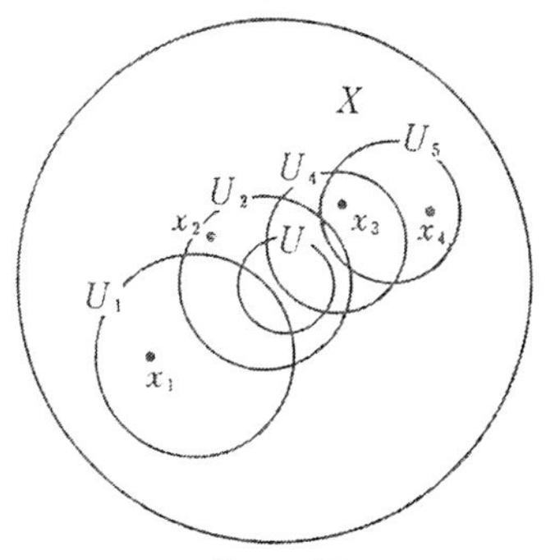

第13-5図

1) BW コンパクトとはボルツァノ・ワイヤーストラス (Bolzano-Weierstrass) の定理が成立する空間という意味である.

2) この定理により, 第3章§7の可算コンパクトの定義と本質的に同じであることがわかる.

て $U_1\cup U_2\cup\cdots\cup U_{k-1}\subset U_1$ で，$U_1\cup U_2\cup\cdots\cup U_k\not\subset U_1$ であるような k を $\varphi(2)$ とし，$U_{\varphi(2)}$ の点で U_1 の点でないものを x_2 とする．これは有限部分被覆を持たないことから可能である．そしてこのことは限りなく続けることが出来るから，点列 $\{x_n\}$ が得られて，すべての x_n は異なる点である．また，作り方から直ちにわかるように，$U_1\cup U_2\cup\cdots\cup U_{\varphi(n)}\ni x_n$ で $U_1\cup U_2\cup\cdots\cup U_{\varphi(n)}\not\ni x_{n+1}$ であって，$N\to N$ なる写像 $\varphi(n)$ は狭義の単調増加数列である．

いま，任意の点列は集積点を持つことを仮定すると，$\{x_n\}$ は集積点をもつ．$\{U_n\}$ は被覆であるから，ある U_m が存在して $x\in U_m$．集積点の定義からある自然数 n に対して，$n\geqq m+1$, $x_n\in U_m$．ところが $\{x_n\}$ の作り方から $U_1\cup U_2\cup\cdots\cup U_{\varphi(m)}\ni x_m$, $n\geqq m+1$ のとき $U_1\cup U_2\cup\cdots\cup U_{\varphi(m)}\not\ni x_n$．一方 $\varphi(m)\geqq n$, $x_n\in U_m$ から $U_1\cup U_2\cup\cdots\cup U_{\varphi(m)}\ni x_n$．これは矛盾である．

ゆえに $(X,\mathfrak{T})$ は可算コンパクト．　　　　　　　　　　（証明終）

［定理］**IV-13-2**

T_1-空間が可算コンパクトであるための必要十分条件はこの空間がB・Wコンパクトなることである1)．

（証明）必要であること．空間 $(X,\mathfrak{T})$ が可算コンパクトであるときその無限部分集合を E とする．E からその異なる点よりなる点列 $\{x_n\}$をとると，［定理］IV-13-1 よりこれは集積点をもつ．この点は明らかに E の集積点である．

十分であること．$(X,\mathfrak{T})$ が可算コンパクトでないとする．ある可算開被覆 $\{U_n\}$ が存在して，そのどの有限部分族もXを被覆しない．

$U_1{}^c$ より一点 x_1 をとる．$\{U_n\}$ が被覆であるから，ある番号 $\varphi(1)$ があって，$\varphi(1)>1$ かつ $U_{\varphi(1)}\ni x_1$．しかも $\bigcup_{i=1}^{\varphi(1)} U_i$ はXを被覆しない．

$(\bigcup_{i=1}^{\varphi(1)} U_i)^c$ より一点 x_2 をとる．番号 $\varphi(2)$ があって，$\varphi(2)>2$ かつ $\varphi(2)>\varphi(1)$ で $U_{\varphi(2)}\ni x_2$．このように続けると，狭義の単調増加の番号

1)［定理］IV-13-1 には T_1-空間という制限がないことに注意．

の列 $\{\varphi(n)\}$ と異なる点からなる点列 $\{x_n\}$ が得られて，$x_{n+1} \notin \bigcup_{i=1}^{\varphi(n)} U_i$ かつ $x_{n+1} \in U_{\varphi(n+1)}$.

$(X, \mathfrak{T})$ が BW コンパクトとすると $\{x_n\}$ は一つの集積点 x をもつ. $\{U_n\}$ は X の被覆であるから，ある U_m が存在して，$x \in U_m$.

また x は $\{x_n\}$ の集積点であるから $\{x_n\} \cap U_m - \{x\} \neq \phi$. $U_m - \{x\}$ のなかに $\{x_n\}$ の点が有限個しかないとすると，$(X, \mathfrak{T})$ が T_1 であることから x のある開近傍 U でこの有限個を含まないものが存在する. $U_m \cap U$ はまた開近傍であって，$\{x_n\} \cap (U_m \cap U - \{x\}) = \phi$. これは x が集積点であることに反する. ゆえに $U_m - \{x\}$ のなかに $\{x_n\}$ の点は無限にある. このことから番号 l が存在して，$l > m$ かつ $x_l \in U_m$. これは $\{x_n\}$ の作り方に反する. ゆえに $(X, \mathfrak{T})$ は BW コンパクトではない.

（証明終）

［定理］ **IV-13-3**

第一公理空間[1] が可算コンパクトであるための必要十分条件は列的コンパクトなることである.

この定理は，第一公理空間では，点列が集積点を持つことと，収束部分列をもつことが同値である[2] ことから明らかである.

［定理］ **IV-13-4**

位相空間 $(X, \mathfrak{T})$ の部分集合 E がコンパクトであれば，BW コンパクトである.

（証明） E については相対位相をとればよいのだから，$(X, \mathfrak{T})$ がコンパクトのとき BW コンパクトなることを示せば十分である. M を X の無限部分集合とする. M が集積点を持たないとすると X のどの点 x も M の集積点ではない.

従って開集合 U_x が存在して，$x \in U_x$ かつ $M \cap U_x - \{x\} = \phi$. ゆえに $M \cap U_x$ は多くとも一点（それは x）しか含まない. $\{U_x\}_{x \in X}$ は X の開被覆であるから有限部分被覆 $\{U_{x_i}\}_{i=1,\dots,n}$ が存在する. $M = M \cap X = M \cap$

1) 第3章§8参照
2) 練習問題2-3参照

$(\bigcup_{i=1}^{n} U_{x_i}) = \bigcup_{i=1}^{n} (M \cap U_{x_i})$ であるから M は有限個．これは仮定に反す．ゆえに $(X, \mathcal{T})$ は BW コンパクトでなければならない．　（証明終）

練習問題 2

1.　$(X, \mathcal{T})$ の部分集合 F が集積点を持たないならば，F は閉集合であることを証明せよ．
2.　$(X, \mathcal{T})$ が T_1-空間であるための必要十分条件は任意の部分集合の集積点はすべて ω-集積点[1] であることを示せ．
3.　第一公理空間に於て，点列が集積点を持つための必要十分条件はその点列が収束部分列を持つことであることを証明せよ．
4.　空間がコンパクト，可算コンパクト，列的コンパクト，BW コンパクト，点列が集積点を持つこと等の相互の関係を図に示せ．

練習問題の略解

1.　F^c の任意の点 x は集積点ではないから，ある開近傍 U_x が存在して $F \cap U_x = \phi$．ところで $F^c = \bigcup_{x \in F^c} U_x$．ゆえに F^c は開集合．従って F は閉集合．
2.　T_1-空間ではすべて ω-集積点になることは［定理］IV-13-2の証明の後半に示した．逆に，集積点がすべて ω-集積点であるとする．$(X, \mathcal{T})$ が T_1-空間でないとすると，異なる2点 x, y が存在して，x, y のそれぞれの任意の開近傍 U_x と U_y に対して $U_x \ni y$ または $U_y \ni x$ である．$U_x \not\ni y$ である U_x が一つでもあれば，その U_x と，y の任意の開近傍 U_y とを組にすることによって，常に $U_y \ni x$ となるから，すべての $U_x \ni y$ またはすべての $U_y \ni x$ である．いま，すべての U_x について $U_x \ni y$ とすると，X の部分集合 $\{y\}$ に対して x は $\{y\}$ の集積点となり，これは ω-集積点ではない．故に $(X, \mathcal{T})$ は T_1-空間でなければならない．
3.　$(X, \mathcal{T})$ を第一公理空間とし，$\{x_n\}$ をその点列とする．$\{x_n\}$ が集積点 x を持つとし，x の可算個の近傍系で，第一可算公理にいうものを

---

1) **ω-集積点**とはその点の近傍が部分集合の点を無限に含むことである．

$\{B_m\}$ とする．B_1 が含む最小の番号の $\{x_n\}$ の元を $x_{\varphi(1)}$ とする．$B_2-\{x_{\varphi(1)}\}$ の含む $\{x_n\}$ の元のうち $\varphi(1)$ より大きな番号のものを $x_{\varphi(2)}$ とする．$B_3-\{x_{\varphi(1)}\}\cup\{x_{\varphi(2)}\}$ の含む $\{x_n\}$ の元のうち $\varphi(2)$より大きな番号のものを $x_{\varphi(3)}$ とする．以下，この操作を続けても，B_mに対し指定された番号より大きな番号の x_n が必ず B_m に含まれていることより，有限回で終ることはない．このようにして，部分列 $\{x_{\varphi(n)}\}$ が得られる．$\{B_m\}$ は $B_m'=B_1\cap B_2\cap\cdots\cap B_m$ $(m=1, 2, \cdots)$ とすることによって，単調減少の集合列と考えてよいことがわかる．従って，任意の x の近傍 N_x に対して，B_m が存在して，$x\in B_m\subset N_x$ となり，$B_m\ni x_{\varphi(m)}, x_{\varphi(m+1)}, \ldots\ldots$（単調性より）がいえるから，$\{x_{\varphi(n)}\}$ は x に収束する．

逆に $\{x_n\}$ が x に収束する部分列 $\{x_{\varphi(n)}\}$ を持てば，明らかに x は $\{x_n\}$ の集積点となる．

4.　下の図に示すような関係になる．(T_1) とか（第一可算公理）とか附記してあるのは，その条件が必要であることを示す．

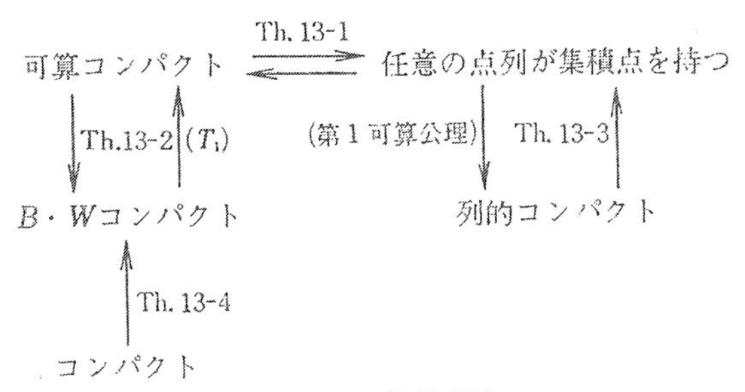

第13-6図

§14　コンパクトと分離公理

§13 でもみたように，コンパクトと類似の性質に，T_1 とか第一可算公理とかを附加すると別の性質が導かれることがあった．附加する条件を分離公理にしてみると，コンパクト空間がかなり高い番号の分離公理を満たすことが導かれる．

［定理］Ⅳ-14-1

T_2-空間 $(X, \mathfrak{T})$ の部分集合Eがコンパクトであるならば，EはXの閉集合である．

（証明）　x を E^c の任意の点とする．E の1点 y に対して，開近傍 $U(x)$, $U(y)$ が存在して，$U(x) \cap U(y) = \phi$（T_2 であるから）．

x を固定して考えて $U(y)$ を $U_x(y)$ とかくことにしよう．また $U(x)$ は $U_y(x)$ とかく．$\{U_x(y)\}_{y \in E}$ は E の開被覆である．従ってコンパクト性より有限部分被覆 $\{U_x(y_i)\}_{i=1, \ldots, n}$ が存在する．$\bigcap_{i=1}^{n} U_{y_i}(x) = U$ とすると，U は x の開近傍で，すべての i に対して $U \subset U_{y_i}(x)$ かつ $U_{y_i}(x) \cap U_x(y_i) = \phi$．∴ $U \cap U_x(y_i) = \phi$, $i = 1, 2, \cdots, n$．∴ $U \cap (\cup U_x(y_i)) = \cup (U \cap U_x(y_i)) = \phi$．従って $U \cap E = \phi$．ゆえに E^c は開集合．従って E は閉集合．（証明終）

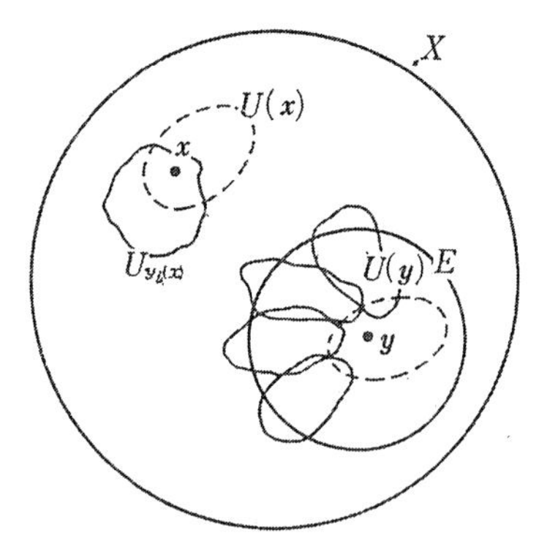

第14-1図

この定理と［定理］IV-12-3 からつぎの［系］が成立する．

［系］　コンパクト，T_2-空間では部分集合がコンパクトであるための必要十分条件はそれが閉集合なることである．

［定理］IV-14-2

T_2-空間 $(X, \mathcal{T})$ がコンパクトならば，$(X, \mathcal{T})$ は T_4-空間である．

（証明）　A, B を $(X, \mathcal{T})$ の互に素な閉集合とする．A, B はコンパクトであるから，［定理］IV-14-1 に示したように A の各点 x に対して，$U(x)$, $U_x(B)$ なる開集合が存在して，$U(x) \cap U_x(B) = \phi$, $x \in U(x)$, $B \subset U_x(B)$．このことより $\overline{U(x)} \cap B = \phi$．

さて，$\{U(x)\}_{x \in A}$ は A の開被覆で，A はコンパクトであるから，有限部分被覆 $\{U(x_i)\}_{i=1,2,\ldots,n}$ が存在して，$\bigcup_{i=1}^{n} U(x_i) \supset A$ かつ $\overline{U(x_i)} \cap B = \phi$．従って $\bigcup_{i=1}^{n} U(x_i) \cap B = (\bigcup_{i=1}^{n} \overline{U(x_i)}) \cap B = \bigcup_{i=1}^{n} (\overline{U(x_i)} \cap B) = \phi$．ゆえに $(\bigcup_{i=1}^{n} U(x_i))^c = V$ とおくと，V は B を含む開集合で $\bigcup_{i=1}^{n} U(x_i)$ とは互に素．ゆえに $(X, \mathcal{T})$ は T_4-空間である．（証明終）

[定理] **IV-14-3**

正則空間 $(X, \mathcal{T})$ がコンパクトならば, $(X, \mathcal{T})$ は正規空間である.

(証明)　A, B を $(X, \mathcal{T})$ の互に素な閉集合とする. A, B はコンパクトである. ([定理] IV-12-3) A の各点 x は B に含まれないから $(X, \mathcal{T})$ の正則性より x, B をそれぞれ含む互に素な開集合 $U(x)$, $U_x(B)$ が存在する. $\{U(x)\}_{x\in A}$ は A の開被覆であるから, 有限部分被覆 $\{U(x_i)\}_{i=1,2,\cdots,n}$ が存在して $\bigcup_{i=1}^{n} U(x_i)\supset A$. $U=\bigcup_{i=1}^{n} U(x_i)$ とすれば U は開集合である. この各 i に対する $U_{x_i}(B)$ をとり $\bigcap_{i=1}^{n} U_{x_i}(B)=V$ とおくと, V は開集合で $V\supset B$. $U\cap V=(\bigcup_{i=1}^{n} U(x_i))\cap V=\bigcup_{i=1}^{n}(U(x_i)\cap V)$. 各 i に対して $V\subset U_{x_i}(B)$ であって $U(x_i)\cap U_{x_i}(B)=\phi$. ゆえに $U(x_i)\cap V\subset U(x_i)\cap U_{x_i}(B)=\phi$ より $U(x_i)\cap V=\phi$ $(i=1, 2, \cdots, n)$. $\therefore$ $U\cap V=\phi$.

すなわち, $(X, \mathcal{T})$ は正規空間である.　(証明終)

上の [定理] IV-14-2, IV-14-3 とそれらの証明の方法等からつぎの各系が導かれる.

[系] 1.　T_2-空間 $(X, \mathcal{T})$ がコンパクトならば, $(X, \mathcal{T})$ は T_3-空間である.

[系] 2.　正則空間 $(X, \mathcal{T})$ の互に素な二つのコンパクトな部分集合 A, B に対して, A, B をそれぞれ含み互に素な開集合 U, V が存在する.

[系] 3.　T_2-空間 $(X, \mathcal{T})$ がコンパクトならば, $(X, \mathcal{T})$ の互に素な二つのコンパクトな部分集合 A, B に対して, A, B をそれぞれ含み互に素な開集合 U, V が存在する.

コンパクト性と分離公理との関係はまだいろいろあるが, この後証明を省いて二, 三述べるに止めよう. また, 空間同志の写像とコンパクト性との関係についても, 証明なしに二, 三触れておくことにしよう.

[定理] **IV-14-4**

$(X, \mathcal{T})$ を完全正則空間とし, A をコンパクトな部分集合とする. A を含む開集合 U を任意にとると, $(X, \mathcal{T})$ から閉区間 $[0, 1]$ への連続関数

$f(x)$ が存在して，Aの上では1，$X \sim U$ の上では0となる．

［定理］**IV-14-5**　(Wallace)

$(X, \mathcal{T}_X)$, $(Y, \mathcal{T}_Y)$ を位相空間とし，A, B をそれぞれ X 及び Y のコンパクトな部分集合とする．Wを積空間[1] $X \times Y$ の部分集合 $A \times B$ を含む開集合とするとき，X, Y にそれぞれ開集合 U, V が存在して，$A \subset U$, $B \subset V$ でかつ $A \times B \subset U \times V \subset W$.

［定理］**IV-14-6**

位相空間 $(X, \mathcal{T}_X)$ から位相空間 $(Y, \mathcal{T}_Y)$ への連続写像fがある．Xの部分集合Mがコンパクト（可算コンパクト，列的コンパクト）であれば，Yの部分集合$f(M)$ もまた，コンパクト（可算コンパクト，列的コンパクト）である．

［定理］**IV-14-7**

$(X, \mathcal{T}_X)$ をコンパクトとし，$(Y, \mathcal{T}_Y)$ を T_2-空間とする．f が X から Y の上への連続写像とすれば，f は閉写像[2] である．またこのとき，f が単射ならば，f は位相写像となる．

練習問題3

1. T_2-空間 $(X, \mathcal{T})$ のコンパクトな部分集合をEとし，Eに含まれないXの点をxとする．このとき二つの開集合 $U(x)$, $U(E)$ を，$x \in U(x)$, $E \subset U(E)$, $U(x) \cap U(E) = \phi$ なるようにとれることを示せ．
2. ［定理］IV-14-6 の M がコンパクトである場合を証明せよ．
3. $(X, \mathcal{T}_1)$, $(X, \mathcal{T}_2)$ において，$\mathcal{T}_1 \supset \mathcal{T}_2$ とする．$(X, \mathcal{T}_1)$ はコンパクト，$(X, \mathcal{T}_2)$ は T_2-空間とすれば $\mathcal{T}_1 = \mathcal{T}_2$ であることを示せ．

練習問題の略解

1. E の任意の点 y に対し，$x \neq y$ であるから，$x \in U_y(x)$, $y \in U(y)$ なる開集合がとれて　$U_y(x) \cap U(y) = \phi$ とすることができる．

---

1) 積空間に関しては第3章 §10
2) X の閉集合 M の像 $f(M)$ が Y の閉集合になるような写像．

$\{U(y)\}_{y\in E}$ は E の開被覆であることから，E がコンパクトであるから，有限部分被覆 $\{U(y_i)\}_{i=1,2,\dots,n}$ が存在する．$U(x)=\bigcap_{i=1}^{n} U_{y_i}(x)$，$U(E)=\bigcup_{i=1}^{n} U(y_i)$ とすると，$U(x)$, $U(E)$ はともに開集合で，$x\in U(x)$, $E\subset U(E)$ である． $U(x)\cap U(E)=U(x)\cap(\bigcup_{i=1}^{n} U(y_i))=\bigcup_{i=1}^{n}(U(x)\cap U(y_i))$. ところで $U(x)\subset U_{y_i}(x)$ かつ $U_{y_i}(x)\cap U(y_i)=\phi$ であるから $U(x)\cap U(y_i)=\phi$. ゆえに $U(x)\cap U(E)=\phi$.

2. $f(M)$ の任意の開被覆を $\{V_\lambda\}_{\lambda\in\Lambda}$ とする．V_λ は $(Y, \mathcal{T}_Y)$ の開集合で f が連続であるから $f^{-1}(V_\lambda)$ は $(X, \mathcal{T}_X)$ の開集合である．M の任意の点を x とし，$y=f(x)$ とすると $y\in f(M)$. ゆえにある λ_y が Λ に存在して，$V_{\lambda_y}\ni y$. $x\subset f^{-1}(y)\subset f^{-1}(V_{\lambda_y})$. ゆえに $\{f^{-1}(V_\lambda)\}_{\lambda\in\Lambda}$ は M の開被覆である． M がコンパクトなることより，有限部分被覆 $\{f^{-1}(V_{\lambda i})\}_{i=1,2,\dots,n}$ が存在する． このとき $f(M)\subset f(\bigcup_{i=1}^{n} f^{-1}(V_{\lambda i}))=ff^{-1}(\bigcup_{i=1}^{n} V_{\lambda i})$[1]$\subset \bigcup_{i=1}^{n} V_{\lambda i}$. ゆえに $\{V_{\lambda i}\}$ は $\{V_\lambda\}$ の有限部分被覆である．従って $f(M)$ はコンパクト．

3. $(X, \mathcal{T}_1)$ から $(X, \mathcal{T}_2)$ の恒等写像 i_X を考える．$\mathcal{T}_1\supset\mathcal{T}_2$ であるから $(X, \mathcal{T}_2)$ の開集合Uをとると $i_X^{-1}(U)=U$ なることから $i_X^{-1}(U)$ は $(X, \mathcal{T}_1)$ の開集合となって，i_X は連続である．

 $(X, \mathcal{T}_1)$ の開集合Gをとると，G^c は閉集合．$(X, \mathcal{T}_1)$ はコンパクトであるから［定理］IV-12-3 より G^c はコンパクト． 従って［定理］IV-14-6 より $i_X(G^c)=G^c$ は $(X, \mathcal{T}_2)$ のコンパクト集合．［定理］IV-14-1 より G^c は閉集合． 従ってGは $(X, \mathcal{T}_2)$ の開集合． ゆえに $\mathcal{T}_1\subset\mathcal{T}_2$. これと仮定より $\mathcal{T}_1=\mathcal{T}_2$.

---

1) 第1章§3 参照

第7章　コンパクト空間（その2）

§15　局所コンパクト空間

コンパクト空間が重要だということは既にのべたが，しかし普通われわれが取り扱う空間は必ずしもコンパクトではない．そこで，コンパクトという面からコンパクトでない空間をとらえるのに二つの方法がある．

第一は，空間全体はコンパクトではないが部分的にみると空間のどの部分もコンパクト空間とみることが出来るというとらえ方，第二は，その空間を位相をそのままの状態にして一寸ひろげてコンパクト空間を作り，コンパクト空間の部分空間とみなすという方法である．

本節で第一の方法を，そして次節で第二の方法を述べることとしよう．

$\boldsymbol{R}$[1] は u-topology[2] に関してコンパクトではない．しかし，$\boldsymbol{R}$ の任意の点 x に対して $[x-1, x+1]$ という閉区間を考えれば，$[x-1, x+1]$ は $\boldsymbol{R}$ のコンパクト部分空間で x はその空間の一点と考えられ，$\boldsymbol{R}$ のどの部分もコンパクト空間とみなすことが出来る．$\boldsymbol{R}^2$[3]，$\boldsymbol{R}^3$[4] も同じように部分的にコンパクト空間とみなすことが出来る．

1）実数全体の集合
2）第2章 §4参照
3）ユークリッド平面 $\boldsymbol{R}\times\boldsymbol{R}$ のこと．
4）ユークリッド空間 $\boldsymbol{R}\times\boldsymbol{R}\times\boldsymbol{R}$ のこと．

[定義]　位相空間$(X, \mathcal{T})$の各点がコンパクトな近傍をもつとき，$(X, \mathcal{T})$は**局所コンパクト**[1]であるという．また，$Y \subset X$で，部分空間$(Y, \mathcal{T}_Y)$が局所コンパクトであるとき集合Yは**局所コンパクト集合**であるという．

局所コンパクトに関してはつぎの定理が成立する．

[定理] IV-15-1　局所コンパクト空間の閉集合は局所コンパクト集合である．

(証明)　$(X, \mathcal{T})$を局所コンパクト空間とし，Fを$(X, \mathcal{T})$の閉集合とする．Fの任意の点xに対して，$(X, \mathcal{T})$におけるxの近傍Uが存在してUはコンパクトである．$U \cap F$はコンパクト空間$(U, \mathcal{T}_U)$において相対閉であるから，コンパクトであり，またこれは$(F, \mathcal{T}_F)$の点xの近傍であるから，定義より$(F, \mathcal{T}_F)$は局所コンパクト空間となる．従ってFは局所コンパクト集合である．　(証明終)

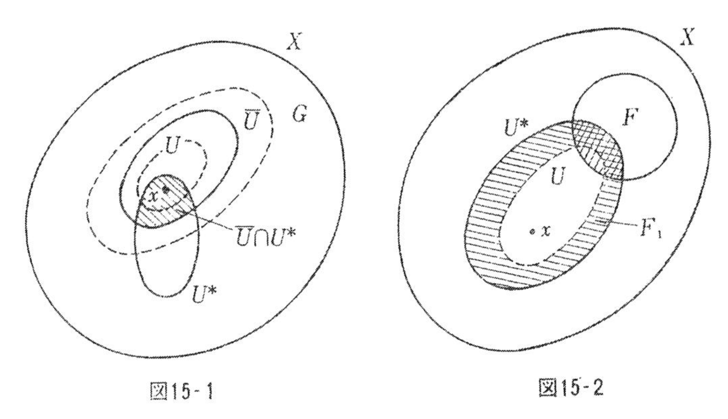

図15-1　　図15-2

[定理] IV-15-2　局所コンパクトな正則空間の開集合は局所コンパクト集合である．

(証明)　$(X, \mathcal{T})$を局所コンパクトな正則空間とし，Gは$(X, \mathcal{T})$の開集合とする．Gの任意の点xに対して，$(X, \mathcal{T})$におけるxの開近傍Uをとって，$\bar{U} \subset G$とすることが出来る[2]．$(X, \mathcal{T})$の局所コンパクト

1) locally compact
2) 第3章 §9 [定理] III-9-1

性よりxのコンパクトな近傍U^*をとることが出来る．$\bar{U}\cap U^*$ はコンパクトな近傍であって，G の部分集合である．ゆえに $(G, \mathcal{T}_G)$ は局所コンパクト空間であって，G は局所コンパクト集合である．　　(証明終)

［定理］IV-15-3　局所コンパクト-T_2 空間は完全正則[1] である．

（証明）$(X, \mathcal{T})$ を局所コンパクト-T_2 空間とし，x, F を $(X, \mathcal{T})$ の任意の点と任意の閉集合とし，$x \notin F$ とする．

U^* をxのコンパクトな近傍とすれば，$x \in U \subset U^*$ である開集合Uが存在する．

$F_1=(U^*-U)\cup(U^*\cap F)$ とするとF_1 は U^* の閉部分集合で，$x \notin F_1$．$(U^*, \mathcal{T}_{U^*})$ はコンパクト-T_2 空間であるから正規空間[2] であって，Urysohn の補題[3] により，U^* から $[0,1]$ への連続写像 f_1 が存在して，$f_1(x)=0$, $f_1(F_1)=\{1\}$．

そこで，$y \in U^*$ ならば $f(y)=f_1(y)$, $y \notin U^*$ ならば $f(y)=1$ なる写像 f; $X \to [0,1]$ を定める．

先ず $f(x)=0$, $f(F)=\{1\}$ を示そう．

$f(x)=f_1(x)=0$, また，$F=(F-U^*)\cup(F\cap F_1)$ であるから，$y \in F-U^*$ のときは $f(y)=1$, $y \in F\cap F_1$ ならば $f(y)=f_1(y)=1$ であるので何れにしても $y \in F$ のとき $f(y)=1$, 従って $f(F)=\{1\}$．

つぎにfが連続であることを示す．このために任意の実数aに対して，$\{y|f(y)\leqq a\}$, $\{y|f(y)\geqq a\}$ が共に閉集合であることを示そう．いま，$a<1$ とすると，$\{y|f(y)\leqq a\}=\{y|f_1(y)\leqq a\}$ で，$f_1(y)$ はU^*での連続写像であるからこの右辺は閉集合 U^*[4] の閉集合で，したがって $(X, \mathcal{T})$ の閉集合である．つぎに $a\geqq 1$ とすれば $\{y|f(y)\leqq a\}=X$ であるから閉集合となる．

また，$a\leqq 1$ とすれば $\{y|f(y)<a\}=\{y|f_1(y)<a\}$ で，右辺は U^* の開集合である．このとき $\{y|f_1(y)<a\}\subset U$ であるから，U の開集合

---

1) 第3章 §10
2) 第4章 §14参照
3) 第3章 §11［定理］III-11-2
4) 第4章 §14［定理］IV-14-1

ともなり，U が開集合なることから X の開集合となる．$\{y|f(y)\geqq a\}$ は $(X, \mathfrak{T})$ で $\{y|f(y)<a\}$ の補集合であるから，閉集合となる．

$a>1$ とすれば $\{y|f(y)\geqq a\}=\phi$ であるから閉集合．

さて，$f^{-1}((a, b))=(X-\{y|f(y)\leqq a\})\cap(X-\{y|f(y)\geqq b\})$ であるから，開集合となって，f は連続写像なることが示された．以上により $(X, \mathfrak{T})$ は完全正則空間なることが証明された．（証明終）

§16　コンパクト化

コンパクトという言葉にかなりなれてきたと思うので，もう一度この言葉の意味を考え直してみることにしよう．われわれの日常の言葉のなかでコンパクトという言葉が使われることが随分あるようだが，なかでももっとも手近な言葉といえば婦人の携帯用のおしろい入れだろう．この例でもわかるように，辞書によるとコンパクトとは，質の密なとか目のつんだとかぎっしりつまったとかいう意味が第一項目にならべてある．裏返えしていえば，コンパクトでないということは，何かかけているということで，そこに何かを補うとコンパクトになることを暗に示しているともいえよう．

コンパクトでない空間をとらえる第二の方法として，その空間を位相をそのままの状態にして一寸ひろげてコンパクト空間を作り，コンパクト空間の部分空間とみなすという方法が常識的にも考えられるわけである[1]．

直線と円周は同相ではない．しかし直線を平面上で考えたのではなく，大きな球面(たとえば地球)上で考えるとこれは直線ではなくて半径の大きな円である．われわれが無限の遠くへ伸びていると思う直線の両端は球面の向う側で一致しているわけである．このように，コンパクトでない直線に無限の遠くの点を一点加えただけでコンパク

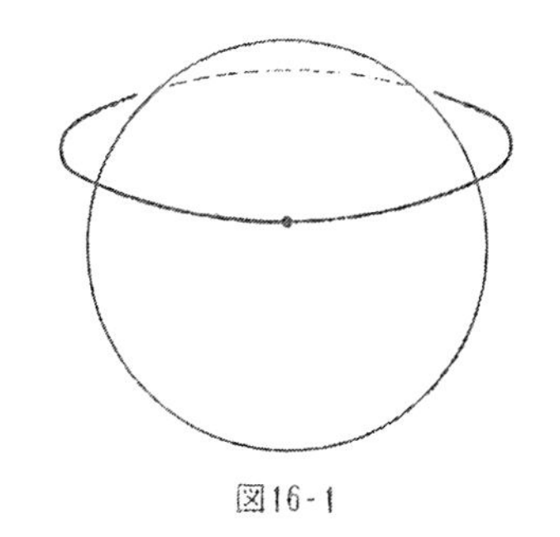

図16-1

1）§15のはじめ参照

トな円周と同相となってしまう．

もう一つの例をあげよう．平面 π と球面NSとはやはり同相にはならない．球面上のSで π に接するように球NSを π 上に置く．NはSと直径的対点であるとする．Nを通って π と平行でない直線と球及び π との交点をそれぞれ P, Q とする．Nをのぞいた球面上の点と π 上の点とがこの対応によって1:1に対応し同相になることは殆んど明らかであろう．前例と同じように，コンパクトな球面とコンパクトでない平面とはもともと同相にならないのだから，全球面と π とを同相にするためには球面上の点Nに応

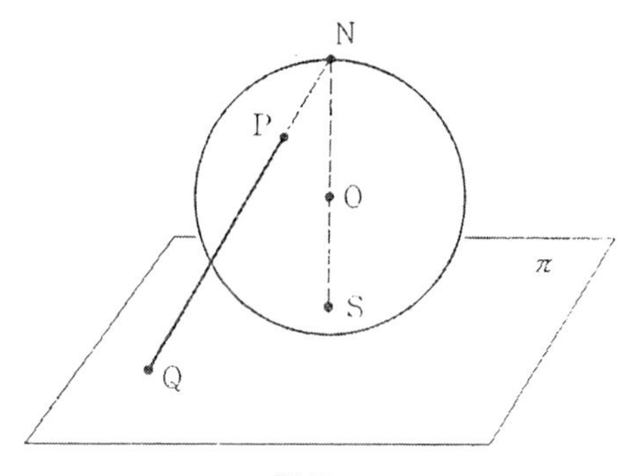

図16-2

じて π 上にない一つの点を π に附け加えてやらなければならない．いまかりにこの附加する点を∞という点としたとき，球面と $\{\infty, \pi\}$ が同相になるために∞の近傍を適当にきめてやらなければならない．そうすることで，$\{\infty, \pi\}$ はコンパクトな球面と同相すなわちコンパクトになるのである．

図16-3の左の平面 π を円筒と同相にするには，無限遠にある直線 l_1 を π に附け加えてここで π をはり合わせたと考えればよい．次頁の円筒はその右側のトーラス面とは同相にならないが，上下の縁をはり合わせると同相となる．これは無限遠にある円 l_2（π では直線）を附け加えてここではり合わせたと考えられる．このように，π に無限遠にある二直線を附加するとトーラス面と同相になる．このとき，トーラス面はコンパクト空間とみなせる．

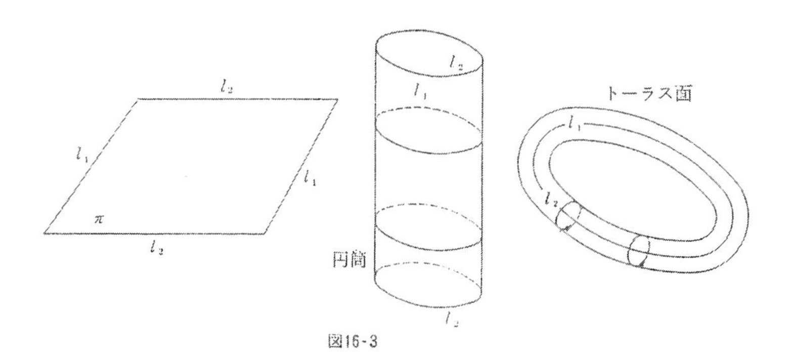

図16-3

いままでに何回もくりかえしたように，距離空間なりユークリッド空間なりがもつ性質が本質的にその空間のもつどの性質に依存するかということを研究する位相空間論で二つの方向が重視されてきた．一つは，分離公理をつぎつぎに入れていって，そのどの条件からどんな性質が出てくるかという方向であり，他の一つは，コンパクト空間にいろいろな条件をつけ加えたり，或はコンパクトの条件を変形することによって得られる性質からその依存する本質的性質を分析する方向である．この第二の方向にはいろいろな利点があって，よく利用されるわけだが取り扱う空間が必ずしもコンパクトではない．そこで，上例のいくつかでみたように，その空間をそのまま（つまり，位相的に不変に）含んでいて，一寸の拡張すなわち，点や直線を附加するだけでコンパクト空間にする方法を考え，その部分空間としてもとの空間を取り扱って，その性質を分析しようと考えるのである．この意味で，コンパクト空間を作ることが重要視される．附加する集合はいろいろ考えられるが，もっとも簡単なものとして一点を加えてコンパクト空間にするアレクサンドロフのコンパクト化を紹介しよう．

［定義］ 位相空間 $(X, \mathcal{T})$ の**一点コンパクト化**[1] とは，$X^* = X \cup \{x_\infty\}$ につぎのようなトポロジー $\mathcal{T}^*$ を導入したものである．すなわち，

1) one point compactification

$G \in \mathcal{T}$ ならば，$G \in \mathcal{T}^*$．$X^* - U$ が X の閉，コンパクト部分集合であるとき，$\mathcal{T}^* \ni U$．

［定理］IV-16-1 (Alexandroff)

位相空間 $(X, \mathcal{T})$ の一点コンパクト化 $(X^*, \mathcal{T}^*)$ はコンパクトで，$(X, \mathcal{T})$ は $(X^*, \mathcal{T}^*)$ の部分空間である．

また，$(X^*, \mathcal{T}^*)$ が T_2 であるための必要十分条件は，$(X, \mathcal{T})$ が局所コンパクト-T_2 なることである．

（証明） $(X^*, \mathcal{T}^*)$ の開被覆を $\{G_\lambda\}$ とする．G_λ で x_∞ を含むものの一つを $G_{\lambda\infty}$ とすると $X^* - G_{\lambda\infty}$ は定義より X の閉，コンパクト部分集合．$\{G_\lambda\}$ は X^* の被覆であるから当然 $X^* - G_{\lambda\infty}$ の被覆ともなり，コンパクト性より $G_{\lambda_1}, G_{\lambda_2}, \cdots, G_{\lambda_n}$ が存在して $\bigcup_{i=1}^{n} G_{\lambda_i} \supset X^* - G_{\lambda\infty}$．$\therefore \left(\bigcup_{i=1}^{n} G_{\lambda_i}\right) \cup G_{\lambda\infty}$ は X^* を被覆する．ゆえに $(X^*, \mathcal{T}^*)$ はコンパクト空間．

$\mathcal{T} \subset \mathcal{T}^*$ であるから $(X, \mathcal{T})$ は $(X^*, \mathcal{T}^*)$ の部分空間である．

$(X^*, \mathcal{T}^*)$ が T_2 とすると，その部分空間 $(X, \mathcal{T})$ は T_2 である．また，$(X^*, \mathcal{T}^*)$ はコンパクトであるから正規[1]．従って $x \in X$ なる x に対して開近傍 U_x が存在して，$x \in U_x \subset \bar{U}_x \subset X = X^* - \{x_\infty\}$．また，$(X^*, \mathcal{T}^*)$ はコンパクトであることから局所コンパクト．従って x のコンパクトな近傍 U_x^* が存在する．$U_x^* \cap \bar{U}_x$ は X でのコンパクトな近傍となるから，$(X, \mathcal{T})$ は局所コンパクト．

逆に，$(X, \mathcal{T})$ が局所コンパクト-T_2 とすると，$(X^*, \mathcal{T}^*)$ の2点 x, y $(x \neq y)$ をとるとき，x も y も x_∞ に一致しなければ $(X, \mathcal{T})$ の T_2 より，U_x, U_y なる開近傍が存在して，$U_x \cap U_y = \phi$．また，$y = x_\infty$ のときは $(X, \mathcal{T})$ の局所コンパクト性より，x のコンパクト（従って閉）な近傍 U_x^* をとると，開近傍 U_x が存在して $x \in U_x \subset U_x^*$．$X^* - U_x^*$ は定義より $\mathcal{T}^*$ の要素で x_∞ を含む．しかも，$U_x \cap (X^* - U_x^*) = \phi$．ゆえに $(X^*, \mathcal{T}^*)$ は T_2．（証明終）

コンパクト空間を作る目的にもう一つ重要なものがある．例で示してみ

1）第4章 §14 参照

よう．

[0, 1) で連続な関数 $y=f(x)$を考える．この関数がこの区間で有界とすれば $\lim_{x \to 1-0} f(x)$ が存在することは明かであろう．そこで $f^*(x)$ を

$$f^*(x)=\begin{cases} f(x) & x \in [0, 1) \\ \lim_{x \to 1-0} f(x) & x=1 \end{cases}$$

と定義すれば，これが [0, 1] で連続な関数となることは明かである．

ところが，[0, 1] はコンパクトでない [0, 1) に一点 1 を附加して得られたコンパクト空間である．

この例に示されることを一般的にのべてみると，空間 X から空間 Y への連続写像 f; $X \to Y$ があるとき，定義域 Xを X^* へ拡張して，f^*; $X^* \to Y$ なる写像を考え，$x \in X$ であるときは $f^*(x)=f(x)$ にしてなお，f^* を X^* 全体で連続にしたいということである．

X^* が X を含むコンパクト空間であるとき，f^* の存在の保証が出来ることがあるので，このような目的でコンパクト空間を作ることが望まれる．この目的のために，コンパクトでない空間をコンパクト化する方法もいろいろあるがなかなか難かしい．

Stone-Cech のコンパクト化が有名であるが，本講の程度を越えるので省略しよう．

練習問題 1

1. 位相空間 $(X, \mathcal{T})$ において，つぎの (1), (2), (3) は同値か．
   (1) $\forall x \in X$ に近傍 U_x が存在して，$\bar{U}_x$ がコンパクトである．
   (2) 開集合の基が存在して，基に属する集合の閉包がすべてコンパクトである．
   (3) xを含む任意の開集合 G に対して，開集合 U が存在して，$x \in U \subset G$, $\bar{U}$ がコンパクトである．
2. $(X, \mathcal{T})$ が局所コンパクト-T_2 空間，K_1, K_2 はその二つのコンパクト集合で，$K_1 \cap K_2=\phi$ とする．このとき，開集合 G_1, G_2 を，$K_1 \subset G_1$, $K_2 \subset G_2$, $G_1 \cap G_2=\phi$ かつ，$\bar{G}_1, \bar{G}_2$ がコンパクトであるようにとること

が出来ることを示せ。

3. 二つの局所コンパクト空間 $(X, \mathcal{T}_X)$, $(Y, \mathcal{T}_Y)$ の直積 $X \times Y$ はまた局所コンパクトであることを示せ。

4. コンパクト-T_2 空間 $(X, \mathcal{T})$ から有限個の点を除いて得られる部分空間 $(Y, \mathcal{T}_Y)$ は局所コンパクトであることを示せ。

5. [定理] IV-16-1 (Alexandroff) の $(X^*, \mathcal{T}^*)$ が位相空間であることを示せ。

6. 問題4. の1点コンパクト化を求めよ。

7. 正の実数の集合を $\boldsymbol{R}_+$ とし，$\boldsymbol{N}$ を自然数の集合とする．$X = \boldsymbol{R}_+ - \boldsymbol{N}$ の1点コンパクト化を求めよ。

§17　パラコンパクト空間

位相空間論の目指すところはしばしば説明してきたが，そのうちでも距離空間の性質をしらべ，どんな空間が距離空間となれるか[1]ということが問題にされて来た．その二つの方向，分離公理をつぎつぎに入れてゆく法，コンパクトの条件を変えてゆく法についてもしばしば説明したが，前者では正規空間を発展させて，1940年 Tukey によって全体正規空間[2]が考えられ，後者では1944年 Dieudonné がパラコンパクト空間[3]を定義している．1948年 Stone は両空間が一致することを示している。

本節ではパラコンパクト空間の重要な性質を紹介し，最後に Stone の一致の定理に言及しようと思うが，証明はかなり細い技術を要する点があるので適当に省くこともあり得ることを了承され度い。

［定義］ $\mathcal{U} = \{U_\lambda\}$ を位相空間 $(X, \mathcal{T})$ の部分集合の族[4]とし，x を $(X, \mathcal{T})$ の任意の点とするとき，x を含む $\mathcal{U}$ の集合が有限個であるとき，$\mathcal{U}$ は**点有限**[5]であるという。

［定義］ $\mathcal{U} = \{U_\lambda\}$ を位相空間 $(X, \mathcal{T})$ の部分集合の族とし，x を$(X,$

---

1) 距離付可能の問題という。
2) fully normal space
3) paracompact space
4) 必ずしも開集合族ではない。
5) point-finite

$\mathcal{T}$）の任意の点とするとき，x に適当な近傍 U_x が存在して，U_x と交わる $\mathcal{U}$ の集合が有限個であるとき，$\mathcal{U}$ は局所有限[1] であるという．

この二つの定義をくらべると，局所有限の方が強く，点有限の方が弱い．つまり，局所有限ならば当然点有限であるけれども，点有限であっても必ずしも局所有限とはいえない．$[0,1)$ を $(X,\mathcal{T})$ とし，トポロジーは通常位相 u とする．$\mathcal{U}=\left\{\left(\frac{1}{n+1},\frac{1}{n}\right)\middle| n\in N\right\}$ なる集合族を考えると，$x\neq\frac{1}{n}$ のときは $\mathcal{U}$ の唯一つの元が x を含み，$x=\frac{1}{n}$ のときはどの元も x を含まない．従って $\mathcal{U}$ は点有限である．しかし，点 0 のどんな近傍のなかにも $\mathcal{U}$ の元が無限に入ってくるから局所有限にはならない．$(X,\mathcal{T})$ を $(0,1)$ にとれば，局所有限になる．

［定義］ $(X,\mathcal{T})$ の部分集合の族 $\mathcal{U}=\{U_\lambda|\lambda\in\Lambda\}$ に対し，任意の部分族 $\mathcal{U}'=\{U_{\lambda'}|\lambda'\in\Lambda'\subset\Lambda\}$ が常に $\overline{\bigcup_{\lambda'\in\Lambda'}U_{\lambda'}}=\bigcup_{\lambda'\in\Lambda'}\overline{U_{\lambda'}}$ をみたすとき $\mathcal{U}$ は閉包保存[2] であるという．

［定理］IV-17-1 $(X,\mathcal{T})$ の局所有限な集合族 $\mathcal{U}=\{U_\lambda|\lambda\in\Lambda\}$ は閉包保存である．

（証明）$\mathcal{U}$ の任意の部分族を $\mathcal{V}=\{U_{\lambda'}|\lambda'\in\Lambda'\subset\Lambda\}$ とする．$\bigcup_{\lambda'\in\Lambda'}U_{\lambda'}\supset U_{\lambda'}$　$\therefore\ \overline{\bigcup_{\lambda'\in\Lambda'}U_{\lambda'}}\supset\overline{U_{\lambda'}}$　$\therefore\ \overline{\bigcup_{\lambda'\in\Lambda'}U_{\lambda'}}\supset\bigcup_{\lambda'\in\Lambda'}\overline{U_{\lambda'}}$．つぎに $\overline{\bigcup_{\lambda'\in\Lambda'}U_{\lambda'}}$ の任意の点を x とする．x の任意の近傍 U_x に対して $U_x\cap(\bigcup_{\lambda'\in\Lambda'}U_{\lambda'})\neq\phi$．$\mathcal{U}$ は局所有限だから x の近傍で $\mathcal{U}$ の元と有限個しか交わらないものがある．その U_x をとったときの $U_{\lambda'}$ のうち x を含むものがあるからこれを U_{λ_0} とするとすべての U_x に対し $U_x\cap U_{\lambda_0}\neq\phi$．$\therefore\ x\in\overline{U_{\lambda_0}}$．　このことより $x\in\bigcup\overline{U_{\lambda'}}$　$\therefore\ \overline{\bigcup U_{\lambda'}}\subset\bigcup\overline{U_{\lambda'}}$　$\therefore\ \overline{\bigcup U_{\lambda'}}=\bigcup\overline{U_{\lambda'}}$．　（証明終）

［定義］ 位相空間 $(X,\mathcal{T})$ の二つの被覆 $\mathcal{U}=\{U_\lambda|\lambda\in\Lambda\}$，$\mathcal{V}=\{V_\mu|\mu\in M\}$ において，任意の $U_\lambda\in\mathcal{U}$ に対して $\mathcal{V}$ の集合 V_μ が存在して U_λ

---

1) locally finite

2) closure preserving

$\subset V_\mu$ であるとき，$\mathcal{U}$ は $\mathcal{V}$ を**細分する**[1] といい，$\mathcal{U}$ を $\mathcal{V}$ の**細分**[2] であるという．このとき，$\mathcal{U}<\mathcal{V}$ とかく．$\mathcal{U}$ が開被覆なら**開細分**，閉被覆なら**閉細分**という．

［**定義**］ T_1-空間 $(X, \mathcal{T})$ の任意の開被覆が点有限な開被覆によって細分されるとき，$(X, \mathcal{T})$ を**点有限パラコンパクト空間**[3] という．

［**定義**］ T_1-空間 $(X, \mathcal{T})$ の任意の開被覆が局所有限な開被覆によって細分されるとき，$(X, \mathcal{T})$ を**パラコンパクト空間**[4] という．

コンパクト-T_1 空間を $(X, \mathcal{T})$ とする．$\mathcal{U}=\{U_\lambda\}$ を $(X, \mathcal{T})$ の開被覆とするとコンパクト性より $\mathcal{U}_0=\{U_{\lambda_i}|i=1, 2, \cdots, n\}$ なる $\mathcal{U}$ の部分族があって，$(X, \mathcal{T})$を被覆する．U_{λ_i} に対し $\mathcal{U}$ の同じ U_{λ_i} をとれば $U_{\lambda_i}\subset U_{\lambda_i}$ であるから明らかに，$\mathcal{U}_0<\mathcal{U}$. すなわち，$\mathcal{U}_0$ は $\mathcal{U}$ の開細分である．$\mathcal{U}_0$ は有限であるから，点有限でもあり，局所有限でもある．従って，この $(X, \mathcal{T})$ は点有限パラコンパクトでもあり，パラコンパクトでもある．もっとも一般に，パラコンパクト空間は点有限パラコンパクトになる．

［定理］ **IV-17-2**　パラコンパクト T_2-空間 $(X, \mathcal{T})$ は正規空間である．

（証明） $(X, \mathcal{T})$ の1点 x と $x\notin F$ なる閉集合 F をとる．$\forall y\in F$ に対し開近傍 U_y をとって $x\notin \bar{U}_y$ とする．（この可能なことは T_2 の条件から出てくる．）

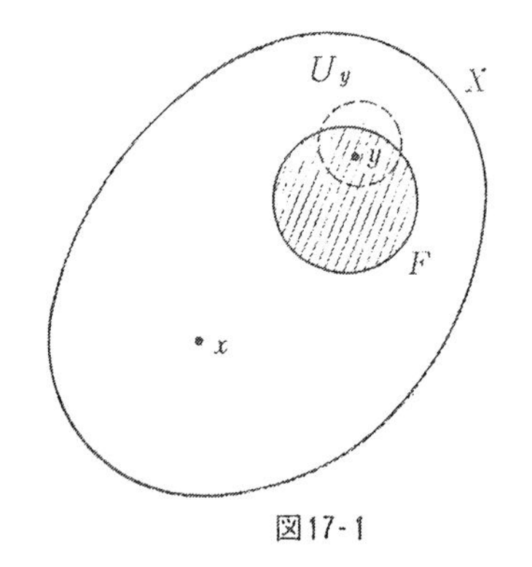

図17-1

$\{X-F\}\cup\{U_y|y\in F\}$ は $(X, \mathcal{T})$ の開被覆であるから，パラコンパクトなることより，これを細分する局所有限な開被覆 $\mathcal{U}=\{U_\lambda\}$ がとれる．［定理］IV-17-1 により $\mathcal{U}$ は閉包保存であるから，$\mathcal{U}$ で F を被覆するものの族 $\{U_{\lambda'}\}$ をとると，各 $U_{\lambda'}$ に対し $U_{\lambda'}$

1) refine
2) refinement
3) pointwise paracompact space
4) paracompact space

$\subset U_y$ なる U_y が存在するので,

$$\overline{\cup U_{\lambda'}}=\cup\bar{U}_{\lambda'}\subset\cup\{\bar{U}_y|y\in F\}\subset X-\{x\}.$$

$X-\overline{\cup U_{\lambda'}}=G_1$, $\cup U_{\lambda'}=G_2$ とおくと, $G_1\ni x$, $G_2\supset F$ で, $G_1\cap G_2=\phi$ かつ G_1, G_2 とも開集合. ゆえに $(X, \mathfrak{T})$ は正則である.

つぎに, Xに互に素な閉集合 F, H をとる. $(X, \mathfrak{T})$ が正則であるからHの各点xに開近傍 U_x で $\bar{U}_x\cap F=\phi$ であるものをとることが出来る.

$\{X-H\}\cup\{U_x|x\in H\}$ は $(X, \mathfrak{T})$ の開被覆であるから, パラコンパクトなることより, これを細分する局所有限な開被覆 $\mathfrak{V}=\{V_\mu\}$ がとれる. $\mathfrak{V}$ で F を被覆するものの族 $\{V_{\mu'}\}$ をとると, 各 $V_{\mu'}$ に対し $V_{\mu'}\subset U_x$ なる U_x が存在するので, $\overline{\cup V_{\mu'}}=\cup\bar{V}_{\mu'}$[1] $\subset\cup\{\bar{U}_x|x\in H\}\subset X-H.$

$X-\overline{\cup V_{\mu'}}=G_1$, $\cup V_{\mu'}=G_2$ とおくと G_1, G_2 は開集合で, $G_1\supset H$, $G_2\supset F$ かつ $G_1\cap G_2=\phi$. ゆえに $(X, \mathfrak{T})$ は正規である. (証明終)

[定義] $(X, \mathfrak{T})$ とその部分集合からなる族 $\mathfrak{U}=\{U_\lambda\}$ があるとき, $X\supset A$ なる A に対して, A と共有点をもつ U の和集合を A の $\mathfrak{U}$ に関する星[2] といい, $\mathfrak{U}(A)$ とかく. $\mathfrak{U}(A)=\cup\{U|U\cap A\neq\phi\}$.

特にAが1点集合 $\{x\}$ のときは$\mathfrak{U}(x)$とかく.

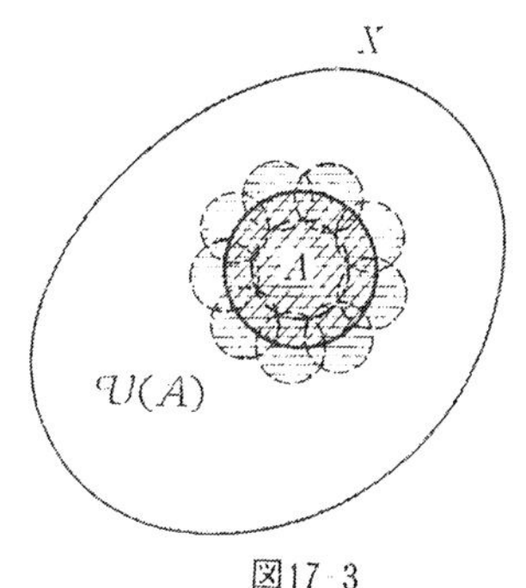

図17-3

[定義] $(X, \mathfrak{T})$ とその部分集合からなる族 $\mathfrak{U}=\{U_\lambda\}$ があるとき, $\forall x\in X$ について, x の $\mathfrak{U}$ に関する星 $\mathfrak{U}(x)$ を元とする集合族を $\mathfrak{U}^\Delta$ とかく[3]. $\mathfrak{U}^\Delta=\{\mathfrak{U}(x)|x\in X\}$. また, $\forall U_\lambda\in\mathfrak{U}$ について, U_λ の $\mathfrak{U}$ に関する星 $\mathfrak{U}(U_\lambda)$ を元とする集合族を $\mathfrak{U}^*$ とかく[4]. $\mathfrak{U}^*=\{\mathfrak{U}(U_\lambda)|U_\lambda\in\mathfrak{U}\}$.

---

1) 閉包保存性より
2) star
3) $\mathfrak{U}^\Delta$ はユー, デルタとよむ.
4) $\mathfrak{U}^*$ はユー, スターとよむ.

$(X, \mathfrak{T})$ の開被覆 $\mathfrak{U}=\{U_\lambda\}$ に対して，開被覆 $\mathfrak{V}=\{V_\mu\}$ があって $\mathfrak{U}>\mathfrak{V}^\Delta$ であるとき $\mathfrak{V}$ を $\mathfrak{U}$ の Δ 細分といい，$\mathfrak{U}>\mathfrak{V}^*$ であるとき ＊細分という．

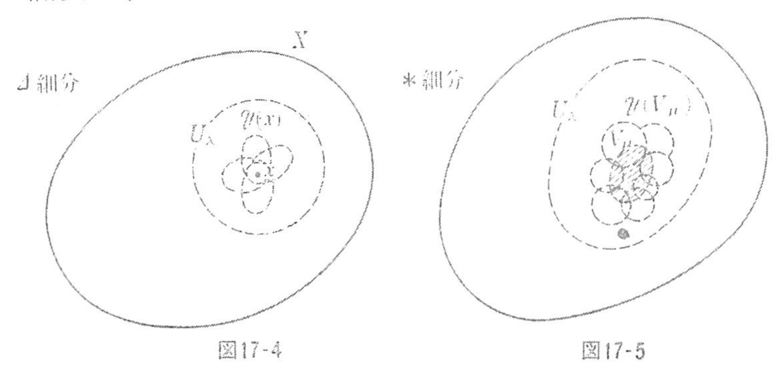

図17-4　　図17-5

［定義］ $(X, \mathfrak{T})$ の部分集合からなる族の可算個の列 $\mathfrak{U}_n=\{U_{n,\lambda}\}\ n\in N$ があって，各 $\mathfrak{U}_n$ は開被覆で，すべての n について，$\mathfrak{U}_n>\mathfrak{U}_{n+1}{}^\Delta$ が成立しているとき $\{\mathfrak{U}_n\}$ を**正規列**[1] という．開被覆 $\mathfrak{U}=\{U_\lambda\}$ が**正規**[2] であるとは，$\mathfrak{U}=\mathfrak{U}_1$ を出発点とした正規列が存在することである．

［定義］ T_1-空間 $(X, \mathfrak{T})$ の任意の開被覆 $\mathfrak{U}$ が正規であるとき，$(X, \mathfrak{T})$ を**全体正規空間**[3] という．

［定理］IV-17-3　全体正規空間は正規である．

（証明）$(X, \mathfrak{T})$ を全体正規空間とし，F, H を $(X, \mathfrak{T})$ の互に素な閉集合とする．$\mathfrak{U}=\{X-F, X-H\}$ とおけば，$\mathfrak{U}$ は $(X, \mathfrak{T})$ の開被覆であるから，開被覆 $\mathfrak{V}$ が存在して，$\mathfrak{V}^\Delta<\mathfrak{U}$．$U=\mathfrak{V}(F)$，$V=\mathfrak{V}(H)$ とおくと，$U\supset F$，$V\supset H$ でこれらは開集

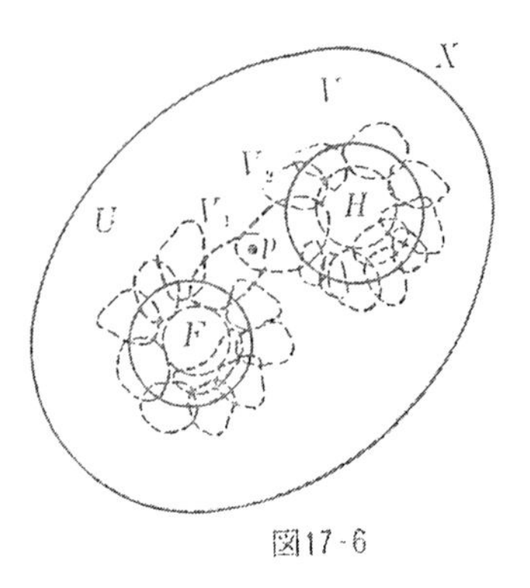

図17-6

1) normal sequence
2) normal
3) fully normal space

合である．$U \cap V \neq \phi$ とすると，$\mathcal{V}$ の元 V_1, V_2 があって，$V_1 \cap F \neq \phi$, $V_2 \cap H \neq \phi$, $V_1 \cap V_2 \neq \phi$.

$p \in V_1 \cap V_2$ なる点 p をとると，$\mathcal{V}(p) \supset V_1 \cup V_2$．これより $\mathcal{V}(p) \cap F \neq \phi$ かつ $\mathcal{V}(p) \cap H \neq \phi$．これは $\mathcal{V}^{\Delta} < \mathcal{U}$ に反する．ゆえに $U \cap V = \phi$．故に $(X, \mathfrak{T})$ は正規．　(証明終)

[定理] IV-17-4 (Dieudonné)

パラコンパクト-T_2 空間 $(X, \mathfrak{T})$ は全体正規である．

(証明) $(X, \mathfrak{T})$ の開被覆を $\mathcal{U} = \{U_\lambda\}$ とする．$\mathcal{V} = \{V_\mu\}$ を $\mathcal{U}$ の局所有限な開細分とする．$\mathcal{W} = \{W_\mu\}$ をすべての μ について $\overline{W}_\mu \subset V_\mu$ であるような $(X, \mathfrak{T})$ の開被覆とする[1]．

$\mathcal{V}$ の添字の集合 $M = \{\mu\}$ の任意の部分集合 M' に対して，$(X, \mathfrak{T})$ の部分集合 $N(M')$ をつぎのように定める．

$$N(M') = (\cap \{V_\mu \mid \mu \in M'\}) \cap (\cap \{X - \overline{W}_\mu \mid \mu \in M - M'\})$$

$\mathcal{V}, \mathcal{W}$ 等の局所有限性を用いて，$N(M')$ が開集合であることが示せる．また，$(X, \mathfrak{T})$ の一点 p に対して，$M' = \{\mu \mid p \in \overline{W}_\mu\}$ とすれば $N(M') \ni p$ であるから，$\mathfrak{N} = \{N(M') \mid M' \subset M\}$ は $(X, \mathfrak{T})$ の開被覆である．

つぎに，$(X, \mathfrak{T})$ の点 p に対して，$\mathcal{W}$ は開被覆であるから或 μ_p に対して $p \in W_{\mu_p}$．$p \in N(M')$ とすると $\mu_p \in M'$．$\therefore N(M') \subset V_{\mu_p}$．

このことより，$\mathfrak{N}(p) \subset V_{\mu_p}$．従って $\mathfrak{N}^{\Delta} < \mathcal{V} < \mathcal{U}$．$\therefore \mathfrak{N}^{\Delta} < \mathcal{U}$．この操作は続けて出来るから，$\mathcal{U}$ は正規であって，従って $(X, \mathfrak{T})$ は全体正規．　(証明終)

[定理] IV-17-5　コンパクト-T_2 空間は全体正規である．

(証明)　コンパクト空間はパラコンパクトであるから，[定理] IV-17-4 より直ちに得られる．　(証明終)

[定理] IV-17-6 (Stone)

全体正規空間はパラコンパクトである．

証明は略する．

---

1) この $\mathcal{W}$ の存在の証明は省略する．

Dieudonné の定理の証明もかなり省略した．段々取り扱う事柄が複雑になって証明の技術がこまかくなったので限られた紙面では書きつくせないのと，このあたりまで紹介すればパラコンパクトや全体正規に関しては充分と考えたからである．Dieudonné の定理と Stone の定理を合わせて一致の定理ということがある．なお，参考書等については本講の終りにまとめて紹介するつもりである．

さて，距離空間という名をしばしば用いて来たが，この辺で精確な定義を与えておこう．

［定義］ Xを空でない集合とし，積集合 $X\times X$ から $\boldsymbol{R}$ への写像 $d(x,y)$ をつぎの条件を満たすものとする．

(1) $\forall(x,y)\in X\times X$ に対して $d(x,y)\geqq 0$.

(2) $(x,y)\in X\times X$ に対し，$d(x,y)=0$ となるのは $x=y$ のときまたそのときに限る．

(3) $\forall(x,y)\in X\times X$ に対して $d(y,x)=d(x,y)$.

(4) dは**三角不等式**を満たす．すなわち $\forall x,y,z\in X$ に対して $d(x,z)\leqq d(x,y)+d(y,z)$.

このとき，dをX上の**距離**といい，Xとdの組(X,d)を**距離空間**という．

距離空間(X,d)には開集合の基として，Xの点aを中心，半径ε（正数）の**球体** $B(a;\varepsilon)=\{x\mid x\in X,\ d(a,x)<\varepsilon\}$ をとることによって位相が導入される．ただし，距離は位相的概念ではない．

距離空間とパラコンパクト，全体正規については密接な関係がある．

［定理］IV-17-7　距離空間は全体正規である．

（証明） (X,d) を距離空間とし，(X,d) の任意の開被覆を $\mathcal{U}$ とする．各点 $x\in X$ に対して $0<\varepsilon(x)<1$ なる$\varepsilon(x)$を定めて $\{B(x;6\varepsilon(x))\}<\mathcal{U}$ となるようにする．$\mathcal{V}=\{B(x;\varepsilon(x))\}$ とする．$\forall p\in X$ をとって，$B(x;\varepsilon(x))\ni p$ であるようなxの集合を P とする．$\mathcal{V}(p)=\bigcup\{B(x;\varepsilon(x))\mid x\in P\}$となる．$a=\sup\{\varepsilon(x);\ x\in P\}$とおき，$\dfrac{a}{2}<\varepsilon(z)\leqq a$ であるようなzをPにとると $\mathcal{V}(p)$ の任意の点yに対して，Pに或uが存在して，$\{y,p\}\subset B(u,\varepsilon(u))$.

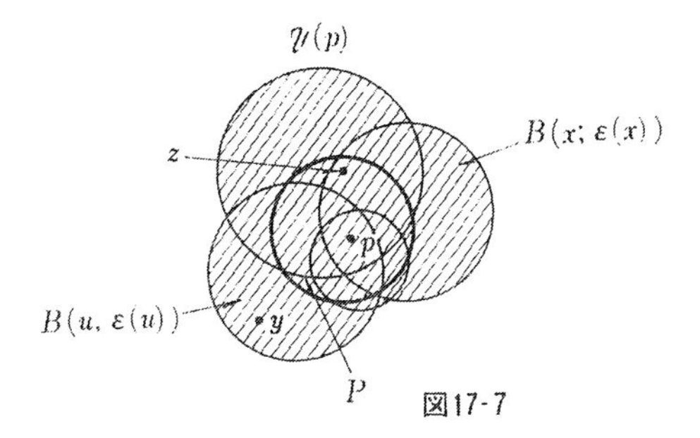

図17-7

$$d(z, y) \leqq d(z, p) + d(p, u) + d(u, y)$$
$$< \varepsilon(z) + \varepsilon(u) + \varepsilon(u) \leqq 3a$$

ゆえに $y \in B(z; 3a) \subset B(z; 6\varepsilon(z))$. $\therefore$ $C\mathcal{V}(p) \subset B(z; 6\varepsilon(z))$. 従って $C\mathcal{V}^{\Delta} < \mathcal{U}$.

この操作は続けられるから $\mathcal{U}$ は正規で，従って (X, d) な全体正規である．（証明終）

［定理］IV–17–8 距離空間はパラコンパクトである．（［定理］IV–17–6 と［定理］IV–17–7 よりただちに得られる．）

練習問題 2

1. 位相空間 $(X, \mathcal{T})$ の局所有限な閉被覆を $\mathcal{F} = \{F_\lambda | \lambda \in \Lambda\}$ とすれば，$\{\mathrm{Int}\, \mathcal{F}(x) | x \in X\}$ は $(X, \mathcal{T})$ の開被覆となることを示せ．
2. パラコンパクト空間の閉集合はパラコンパクト部分空間なることを示せ．

練習問題の略解

練習問題 1

1. (1)→(2) $\forall x \in X$ の近傍 U_x で $\bar{U}_x$ がコンパクトなものをとって，U_x に含まれる x の開近傍のすべてを基にとればよい．(2)→(3) Gをxを含む開集合とすると，(3) の基の元Uがあって，$x \in U \subset G$ で $\bar{U}$ はコンパクトとなる．(3)→(1) 自明．従って (1), (2), (3) は同値．

2.　K_1 の各点 x に対して $U_x{}^*$ をコンパクトで K_2 と交わらないものにとることが出来る．これは $(X, \mathcal{T})$ が正則となるからである．K_1 のコンパクト性よりこの有限個で K_1 が覆えることがいえる．$U_x{}^* \supset U_x$ で open でその有限個の和が K_1 を cover するものとする．
$G_1 = \bigcup U_{x_i}$ とする．$\bar{G}_1 \subset \bigcup \bar{U}_{x_i} \subset \bigcup U_{x_i}{}^*$．従ってコンパクト．$G_2$ は $\bigcup U_{x_i}{}^*$ と交わらないように同様に作る．

3.　$X \times Y$ の (x, y) に対し，x に対する $U_x{}^*$, y に対する $U_y{}^*$ を対応させて $U_x{}^* \times U_y{}^*$ を考えればよい．

4.　T_2 であるから $(X, \mathcal{T})$－{有限個の点} の1点 x の近傍 U_x で $\bar{U}_x$ に有限個の点を含まないように出来る．Xがコンパクトだから $\bar{U}_x$ もコンパクド．ゆえに局所コンパクト．

5.　$\phi, X^* \in \mathcal{T}^*$ は明らか．$G_1, G_2 \in \mathcal{T}^*$ とするとき $G_1, G_2 \in \mathcal{T}$ なら $G_1 \cap G_2 \in \mathcal{T} \subset \mathcal{T}^*$．$G_1 \notin \mathcal{T}$ ならば $X - G_1$ は閉かつコンパクト．$G_2 \in \mathcal{T}$ ならば $G_1 \cap G_2 = (X-(X-G_1)) \cap G_2$ であるから $G_1 \cap G_2 \in \mathcal{T} \subset \mathcal{T}^*$，$G_2 \notin \mathcal{T}$ ならば $X - G_1 \cap G_2 = (X-G_1) \cup (X-G_2)$ で閉かつコンパクト．$\therefore G_1 \cap G_2 \in \mathcal{T}^*$．$\{G_\lambda\}$ を $\mathcal{T}^*$ の元の族とする．$G_\lambda \in \mathcal{T}$ のものの和は $\mathcal{T}$ の元．$G_\lambda \notin \mathcal{T}$ のものについては $X - \bigcup G_\lambda = \bigcap (X-G_\lambda)$ で，$X - G_\lambda$ は閉かつコンパクト．ゆえにこれも閉かつコンパクト．従って $G_1 \in \mathcal{T}$, $G_2 \notin \mathcal{T}$ のとき $G_1 \cup G_2 \in \mathcal{T}^*$ をいえばよい．$X - G_1 \cup G_2 = (X-G_1) \cap (X-G_2)$ で $X - G_1$ は閉，$X - G_2$ は閉かつコンパクト．ゆえに $X - G_1 \cup G_2$ は閉かつコンパクト．$\therefore G_1 \cup G_2 \in \mathcal{T}^*$.

6.　この有限個の点を同一視して，それに対する一点を附加する．この点の近傍の入れ方に注意．

7.　6. と同様．

練習問題 2.

1.　$\forall x \in X$ に対し，x を含む $\mathcal{F}$ の元は $F_{\lambda_1}, F_{\lambda_2}, \cdots, F_{\lambda_n}$．$x \in (X - \bigcup \bigcup \{F_\lambda | x \in F_\lambda\}) \subset \mathcal{F}(x)$．局所有限は閉包保存であるから $\overline{\bigcup \{F_\lambda | x \in F_\lambda\}}$ $\overline{\bigcup \{F_\lambda | x \in F_\lambda\}} = \bigcup \{\bar{F}_\lambda | x \in F_\lambda\} = \bigcup \{F_\lambda | x \in F_\lambda\}$ となり，これは閉．
ゆえに $X - \bigcup \{F_\lambda | x \notin F_\lambda\}$ は 閉．$\therefore X - \bigcup \{F_\lambda | x \notin F_\lambda\} \subset \mathrm{Int}\, \mathcal{F}(x)$ $\subset \overline{\mathrm{Int}\, \mathcal{F}(x)}$

2.　パラコンパクト空間 $(X, \mathfrak{T})$ の閉集合を F とする．F の開被覆を $\mathcal{U}=\{U_\lambda \cap F\}$ とし，U_λ は $(X, \mathfrak{T})$ の開集合とする．$\{X-F\} \cup \{U_\lambda\}$ は X の開被覆であるから，局所有限な開細分 $\mathcal{V}=\{V_\mu\}$ が存在する．$\mathcal{V}'=\{V_\mu \cap F\}$ は $\mathcal{U}$ の局所有限な細分である．

第8章　連結空間

§18　連結空間

本稿の最初に[1]トポロジーとは何かという解説をのべたが，そこで“ゴムで出来た物体”がもついろいろの構造のうち“引き裂くことなく伸ばしたり縮めたり”しただけでは変わらない性質をトポロジーというとした．

そして，“ゴムで出来た物体”というものは，集合の元の間に近さという関係を入れることだとして，位相(トポロジー)の導入のいろいろな方法等についてのべた．位相空間が形成されて，それらを“引き裂くことなく伸ばしたり縮めたり”しても変わらない，つまり連続写像によって変わらない性質という面でとらえ，加え得る限りの性質を考えてみようという立場をとって，この性質を豊かにするために分離公理を入れ，コンパクト性を加えていった．

しかし，実はもっとも素朴な重要な性質にわざと触れないで残して置いた．いまのべた，“引き裂くことなく伸ばしたり縮めたり”の「引き裂くことなく」がどうしても必要とされる性質を端的に表わしたものに連結という性質がある．

これはコンパクトと並んで位相空間の重要な性質の一つであるが，分離

1) 第1章 §1 序

公理やコンパクト性が位相空間の性質を豊かにしてゆく方向とは一寸ちがって，位相空間を別の角度から観察する立場を持つようである．その意味でわざわざ今迄は触れずに来て，ここでまとめてのべることにしたのである．

“引き裂くことなく”を要請するトポロジカルな性質を精確に定義することからはじめよう．もっともこの定義の仕方には大別して二つの考え方があるようである．

その一つは，空間またはその部分集合がいくつの塊りから出来ているかということに着目して出来た定義であって，端的にいってしまえば，空間や集合が二つの互に素な開集合の和には分けられないということである．

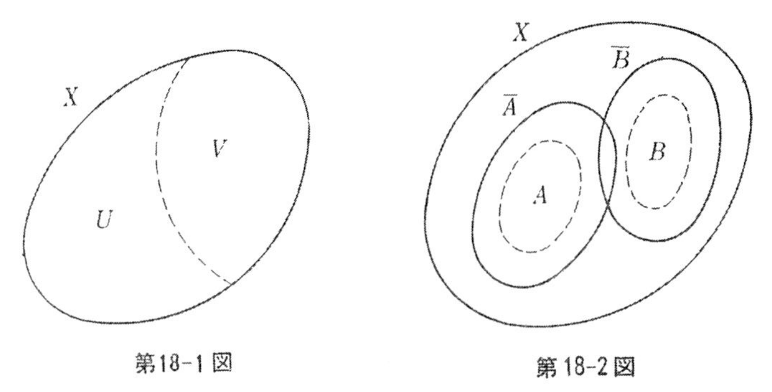

第18-1図　　第18-2図

［**定義**］1.　位相空間 $(X, \mathfrak{T})$ が**連結** (connected) であるとは，空でない開集合 U, V が $X=U\cup V$ を満たすときは，$U\cap V\neq\phi$ となることである．

Xの部分集合Aが**連結**であるとは，Aを部分空間としたとき，相対位相で連結であることをいう．

第二の考え方は，空間や集合が二つのものには分けられないという立場を強く出すために，分けられるということはどういうことかを規定して，この否定が連結であるとの定め方である．

［**定義**］2.　位相空間 $(X, \mathfrak{T})$ があって，その空でない二つの部分集合 A, B が，$A\cap\overline{B}=\overline{A}\cap B=\phi$ を満たすとき，互に**分離されている**

(separated) という．Xが互に分離されている，空でない集合の和集合として表わすことが出来ないとき，空間 $(X, \mathcal{T})$ は**連結**であるという．部分集合の連結については，［定義］1 と同様である．

なお，空集合や1点のみからなる集合は当然連結集合である．これらの定義やさらに同様な性質の同値なることに関して，つぎの定理がある．

［定理］V–18–1　位相空間 $(X, \mathcal{T})$ に於て，つぎの各々は同値である．

(1)　空ではない開集合 U, V があって $X=U\cup V$ ならば，$U\cap V\neq\phi$.

(2)　Xは互に分離されている空でない集合の和集合として表わすことが出来ない．

(3)　X は空でない互に素な二つの開集合の和として表わすことが出来ない．

(4)　Xの空でない真部分集合で，閉かつ開なる集合は存在しない．

（証明）　(1)→(2)　いま，(2) でないとする．A, B を X の空でない分離されている集合として，$X=A\cup B$ なるものがある．$B\subset\bar{B}$ であるから $A\cup\bar{B}\supset A\cup B=X$.　∴ $A\cup\bar{B}=X$.　また $A\cap\bar{B}=\phi$ より，$A=X-\bar{B}$.
従ってAは開集合．同様にBも開集合．$A\cap B\subset A\cap\bar{B}=\phi$.　ゆえに $A\cap B=\phi$.　これは (1) に反す．ゆえに (1)→(2).

(2)→(3)　(3) でないとすると，Xの空でない互に素な二つの閉集合 A, B があって，$X=A\cup B$.　$A=\bar{A}$, $B=\bar{B}$ であるから $\phi=A\cap B=A\cap\bar{B}=\bar{A}\cap B$. ゆえに A, B は分離されていて，(2) に反する．ゆえに (2)→(3).

(3)→(4)　(4) でないとすると，Xの真部分集合で閉かつ開なる集合 A が存在する．$X-A=B$ とおくとBはまた閉集合となり，$X=A\cup B$, A, B は互に素な空でない閉集合．これは (3) に反する．ゆえに (3)→(4).

(4)→(1)　(1) でないとすると，X に空でない互に素な二つの開集合 U, V が存在して，$X=U\cup V$.　$U=X-V$ であるからUはまた閉集合．すなわちUはXの空でない真部分集合で閉かつ開である．これは (4) に反する．ゆえに (4)→(1).　（証明終）

なお，続けて連結性に関する重要な性質の幾つかを挙げて，更に具体的な例を示すこととしよう．

[定理] V-18-2 位相空間 $(X, \mathcal{T})$ の部分集合Aが連結であるとき，$A \subset B \subset \bar{A}$ である部分集合Bも連結である[1].

（証明） U, V をXの二つの開集合とし，$U \cap B \neq \phi$, $V \cap B \neq \phi$, $U \cup V \supset B$ とする．$x \in U \cap B$ ならば $x \in \bar{A}$. $\therefore U \cap A \neq \phi$. 同様に $V \cap A \neq \phi$. Aは連結であるから $A \cap U \cap V \neq \phi$. $\therefore B \cap U \cap V \neq \phi$. ゆえに$B$も連結である．（証明終）

[定理] V-18-3 $(X, \mathcal{T}_X)$, $(Y, \mathcal{T}_Y)$ を二つの位相空間としAをXの連結な部分集合とする．fを $X \to Y$ の連続写像とすれば，$f(A)$ はYの連結集合である．

（証明） UとVをYの空でない開集合として，$U \cap f(A) \neq \phi$, $V \cap f(A) \neq \phi$ かつ $U \cup V \supset f(A)$ とする．$f^{-1}(U) = B_U$, $f^{-1}(V) = B_V$ とするとB_U, B_V はXの開集合で，$B_U \cup B_V \supset A$.

$U \cap f(A) \neq \phi$ より $B_U = f^{-1}(U) \supset f^{-1}(U \cap f(A)) \neq \phi$. $\therefore A \cap B_U \neq \phi$. 同様に $A \cap B_V \neq \phi$. Aが連結なることより $A \cap B_U \cap B_V \neq \phi$. $x \in A \cap B_U \cap B_V$ とすると $f(x) \in f(A) \cap U \cap V$. $\therefore f(A) \cap U \cap V \neq \phi$. これより $f(A)$は連結．（証明終）

[定理] V-18-4 位相空間 $(X, \mathcal{T})$ が連結にならないための必要十分条件はXから $\{0, 1\}$ の上への連続写像fが存在することである．

（証明） Xが連結でないならば，空でない互に素な開集合 U, V が存在して $X = U \cup V$. fを $x \in U$ なるとき，$f(x) = 0$, $x \in V$ なるとき $f(x) = 1$ と定めるとfはXから $\{0, 1\}$ の上への連続写像である．

逆に，このような連続写像fがあったとすれば $f^{-1}(\{0\}) = U$, $f^{-1}(\{1\}) = V$ とおくと，U, V は空でなく互に素な開集合で $X = U \cup V$. ゆえにXは連結．（証明終）

[例] 1. $X = \{a, b, c\}$, $\mathcal{T} = \{X, \phi, \{a, b\}, \{c\}\}$とするとき$X$は連結ではない．何故ならば $\{c\}$ はXの空でない真部分集合で閉かつ開である．

[例] 2. $(X, \mathcal{T})$ は離散空間．AはXの部分集合で少くも2点を含むものとする．このときAは連結ではない．

---

1) $B = \bar{A}$ とすれば，$\bar{A}$ の連結であることも示される．

［例］3.　実数直線 $\boldsymbol{R}$ の部分集合 A が連結であるときは A は唯1点よりなるか，A が一つの区間からなる集合かである[1]．A が唯1点よりなれば連結になる．A が2点以上を含むとする．このとき A が一つの区間からならないとすれば $x<y<z$ なる3個の実数があって，$x, z\in A$，$y\notin A$ となる．$A=(A\cap(-\infty ,y))\cup(A\cap(y, +\infty))$ とかけて，$A\cap(-\infty, y)$，$A\cap(y, +\infty)$ は A の相対位相に関する開集合で $A\cap(-\infty, y)\cap(y, +\infty)=\phi$．ゆえに A は連結とならなくなる．従って A が連結のときは一つの区間でなければならない[2]．

［例］4.　（中間値の定理）　f を $\boldsymbol{R}$ の部分集合 X を定義域とし，$\boldsymbol{R}$ の部分集合 Y を値域とする連続関数とする．閉区間 $[a, b]$ が X の部分集合で，γ を $f(a)<\gamma<f(b)$ または $f(b)<\gamma<f(a)$ なる実数とすると，$\gamma\in Y$ [3]．

（証明）　$[a, b]$ は連結集合である．ゆえに $f([a, b])$ は Y の連結部分集合である[4]．$f(a), f(b)\in f([a, b])\subset Y$ であるから $[f(a), f(b)]$（又は $[f(b), f(a)]$）$\subset f([a, b])$[5]．　$\therefore\ \gamma\in f([a, b])\subset Y$．

［定理］V-18-5　積空間 $\prod_{\lambda\in\Lambda} X_\lambda$ が連結空間であるための必要十分条件は，各 $(X_\lambda, \mathfrak{T}_\lambda)_{\lambda\in\Lambda}$ が連結空間なることである．

（証明）　必要であること．

$\prod X_\lambda\to X_\lambda$ なる射影 π_λ は連続であるから，明かに X_λ は連結である[6]．

十分であること．

$\prod X_\lambda$ が連結でないとする．$\prod X_\lambda$ から $\{0, 1\}$ の上への連

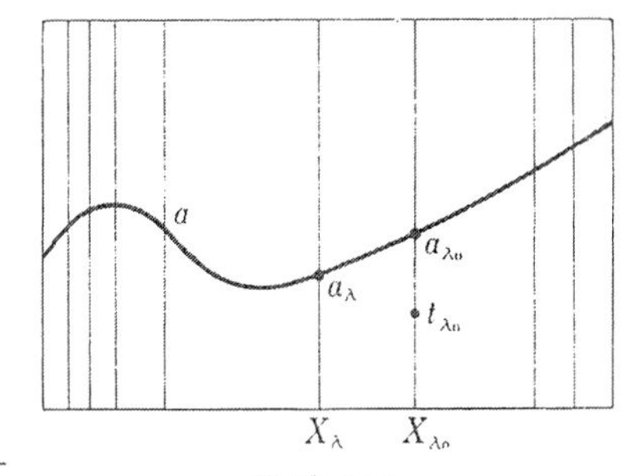

第18-4図

1）この場合区間とは (a, b), $[a, b]$, $[a, b)$ 等及び $(-\infty, a)$, $(b, +\infty)$ 等のすべてを対象としていっている．

2）一つの区間は連結であることの証明もしなければならないが読者の演習に残す．

3）$\exists c\in(a, b)$，$f(c)=\gamma$

4）［定理］V-18-3

5）証明は［例］3 と同様．

6）［定理］V-18-3

続写像 f が存在する[1]. $a=\{a_\lambda\}_{\lambda\in\Lambda}$ を ΠX_λ の一つの元とするとき，任意の自然数 p に対して $S(p)$ を $x=\{x_\lambda\}_{\lambda\in\Lambda}$ で丁度 p 個の λ に対してのみ $x_\lambda\neq a_\lambda$ で，あとの λ に対しては $x_\lambda=a_\lambda$ であるようなものの集合とする. $S=\bigcup_{p\in N} S(p)$ とするとき任意の S の元 x に対して $f(x)=f(a)$ であることを示そう.

$x\in S(1)$ とするとある λ_0 に対して $x_{\lambda_0}\neq a_{\lambda_0}$ でその他の λ に対しては $x_\lambda=a_\lambda$. $X_{\lambda_0}\to\Pi X_\lambda$ なる写像 $u=\{u^{(\lambda)}\}_{\lambda\in\Lambda}$ をつぎのように定める.

$t_{\lambda_0}\in X_{\lambda_0}$ に対して, $u^{(\lambda)}(t_{\lambda_0})=\begin{cases} a_\lambda & \lambda\neq\lambda_0 \\ t_{\lambda_0} & \lambda=\lambda_0 \end{cases}$

この写像 u は連続である[2].

ところで X_{λ_0} は連結であるから $f\circ u(X_{\lambda_0})=0$ 又は $f\circ u(X_{\lambda_0})=1$ の何れか一方に定まる. 従って $f\circ u(x_{\lambda_0})=f\circ u(a_{\lambda_0})$.
ゆえに $f(x)=f\circ u(x_\lambda)=f\circ u(a_{\lambda_0})=f(a)$.

つぎに p を一つの自然数とし $x\in S(p)$ のとき $f(x)=f(a)$ が成立したものとする.

そこで, $x\in S(p+1)$ とし $s\in\{\lambda \mid x_\lambda\neq a_\lambda\}$ とする.
このとき $y=\{y_\lambda\}_{\lambda\in\Lambda}$ を

$$y_\lambda=\begin{cases} x_\lambda & \lambda\neq s \\ a_\lambda & \lambda=s \end{cases}$$

と定める. このとき $y\in S(p)$ となり仮定によって $f(y)=f(a)$.

ところで x と y では $\lambda=s$ のところだけ異なるから, $f(x)=f(y)$. ゆえに $f(x)=f(a)$.

従って数学的帰納法によって $x\in S$ なる限り $f(x)=f(a)$ が示された. このことはまた S が連結なることを示したことにもなる[3].

つぎに $\bar{S}=\prod_{\lambda\in\Lambda} X_\lambda$ を示そう. $x\in\Pi X_\lambda$ とし, x の開近傍の基 U を任意とすると, $U=\prod_{\lambda\in\Lambda} U_\lambda$ とかけて, U_λ のうち有限個の λ ; $\lambda_1, \lambda_2, \cdots, \lambda_n$

1) [定理] V-18-4
2) 読者の演習問題とする.
3) [定理] V-18-4 より

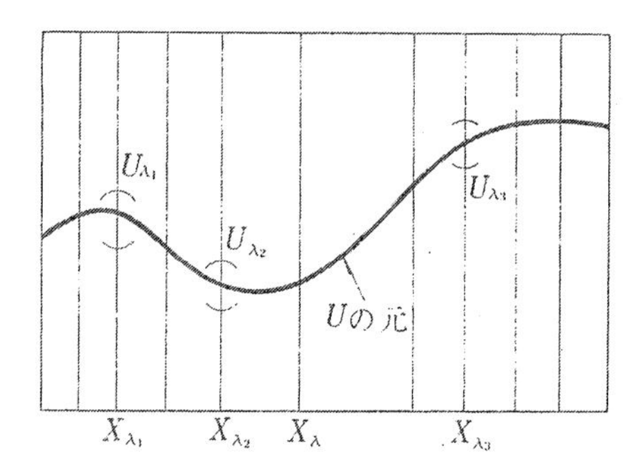

第18-4図

に対しては $U_{\lambda_i}\in\mathfrak{T}_{\lambda_i}$, その他の λ に対しては $U_\lambda=X_\lambda$ である. $S(n)$ の元でUに入るものをつぎのように作れる. $\lambda\neq\lambda_i$ のとき $x_\lambda=a_\lambda$, $\lambda=\lambda_i$ のときは $x_{\lambda_i}\in U_{\lambda_i}$ とすればよい.

すなわち, $U\cap S\neq\phi$. $\therefore$ $x\in\bar{S}$. 従って $\bar{S}=\prod_{\lambda\in\Lambda}X_\lambda$. Sは連結であるから, $\bar{S}$ である $\prod X_\lambda$ も連結である[1]. これははじめの仮定に反する. 従ってもともと $\prod X_\lambda$ は連結でなければならない. (証明終)

§19　連結成分

[定義]　位相空間 $(X,\mathfrak{T})$ に於て, X の2点 x,y を含む連結集合が存在するとき, 点 x と点 y とは**連結される**という[2].

さて, $(X,\mathfrak{T})$ の点 x,y が連結されているとき x,y の間に関係 R_cが存在することとすると, この R_c は同値関係となる.

何故なら, i) xR_cx　x とxを連結する集合として $\{x\}$ がとれるからである.

ii) xR_cy ならば yR_cx　これは明らか.

iii) xR_cy, yR_cz ならば xR_cz これは x,y を含む連結集合を C_1, y,z を含むものを C_2 とすれば, $C_1\cup C_2$ は連結で, x,z を含むことよりいえる[3].

1) [定理] V-18-2
2) x と y が一致する場合も含めて考える,
3) この i), ii), iii) をそれぞれ反射律, 対称律, 推移律といって, これらをすべてみたす関係を**同値関係**という.

一般に集合Xの元同志がある同値関係を満たすならば，Xは互に素な集合 $C_a, C_b, \cdots$ の和に表わせて，一つの C_a に含まれる元 a_1, a_2 の間には与えられた同値関係があり，異った C_a と C_b の元 a_1 と b_1 の間には同値関係がない．このような $C_a, C_b, \cdots$ を**同値類**という．

上の定義に於ける連結されるという関係が同値関係であることから，$(X, \mathcal{T})$ の点が同値類に分けられることを知る．この各々の類をXの**連結成分** (connected component) という．1点xを含む連結成分を**点xの成分**といい，$C(x)$ であらわす．明らかにxの成分はxを含む最大の連結集合である．また，$(X, \mathcal{T})$ が連結であることは，ある点xに対して $X=C(x)$ が成立することである．

［定義］ 位相空間 $(X, \mathcal{T})$ のすべての点xに対し $C(x)=\{x\}$ が成立するときXは**完全不連結** (totally discontinuous) という．Xの部分集合Aは相対位相で完全不連結のとき完全不連結という．

［例］5. 有理数の集合 $\boldsymbol{Q}$ は通常位相[1] で完全不連結である．

その理由；$x\in\boldsymbol{Q}$, $y\in C(x)$ として，$y>x$ を仮定する．$z\in\boldsymbol{R}-\boldsymbol{Q}$, $x<z<y$ であるzが必ずとれるから，$(-\infty, z)\cap C(x)$, $(z, +\infty)\cap C(x)$ を考えると，これらは空ではなく互に素な $\boldsymbol{Q}$ の開集合で和は $C(x)$ となる[2]．これは $C(x)$が連結であることに反する．$x>y$ の場合も同様であるから，$x=y$．従って $C(x)=\{x\}$．

［定理］V-19-1 位相空間 $(X, \mathcal{T})$ の部分集合Aの各成分はAの閉集合である．

（証明） $C(a)$ をAの一つの成分とし，xを $C(a)$ の任意の点とする．$\overline{C(a)}$ は連結である[3] から，$\overline{C(a)}$ の点は xと同じ成分の点となって $\overline{C(a)}\subset C(a)$．$\therefore$ $\overline{C(a)}=C(a)$．ゆえに閉集合． （証明終）

［定理］V-19-2 位相空間 $(X, \mathcal{T})$ に於て，閉かつ開である空でない連結集合は一つの成分である．

---

1) usual topology
2) §18 はじめの［定義］1.
3) ［定理］V-18-2

（証明）　Aを閉かつ開である空でないXの連結部分集合とする．いま，$B\supset A$ であるBを考えると，AはBに於て閉かつ開．従ってBが連結であるのは $A=B$ であるときに限る．従ってAは一つの成分である．

（証明終）

［定理］ V-19-3　$(X, \mathcal{T}_X)$, $(Y, \mathcal{T}_Y)$ を位相空間とし，fをXからYの中への連続写像とする．$C(x)$ をXの一つの成分とすると $f(C(x))$ は $f(X)$ の一つの成分に含まれる．

（証明）　$C(x)$ は連結集合である．従って $f(C(x))$ は連結である[1]．従ってこれは $f(x)$ の一つの成分に含まれる．　（証明終）

練習問題 1

1.　$X=\{a, b, c, d\}$, $\mathcal{T}=\{X, \phi, \{a, b\}\}$ なるとき，$(X, \mathcal{T})$ は連結空間なることを示せ．

2.　$(X_1, \mathcal{T}_1)$ と $(X_2, \mathcal{T}_2)$ は位相空間で $(X, \mathcal{T})$ はその積空間とする．Aを X_1 の連結部分集合とし，fを $A\to X_2$ である連続写像とする．f のグラフ $\{(x, f(x)) \mid x\in A\}$ はXの連結集合である．

3.　位相空間 $(X, \mathcal{T})$ において，A, B を部分集合とし，$A\supset \bar{B}$ とする．Bの1点aの A, B における成分を C_A, C_B とすると $C_A\supset \overline{C_B}$．

4.　$(X, \mathcal{T})$ を位相空間としYをXの部分集合とする．AはXの部分集合で $A\cap Y\neq\phi$, $A\cap Y^c\neq\phi$ なるものとする．このとき $A\cap \bar{Y}\cap \overline{Y^c}\neq\phi$ なることを示せ．

練習問題 1 の略解

1.　Xの真部分集合で空でなく，閉かつ開のもののないことを示せ．

2.　$\{(x, f(x)) \mid x\in A\}$ が連結でないとすると，この集合から $\{0, 1\}$ の上への連続写像 φ が存在する[2]．$\varphi^{-1}(0), \varphi^{-1}(1)$ は何れも空ではない．
$A\to A\times X_2$ の写像 $\phi(x)$ を $\phi(x)=(x, f(x))$ と定める．$(x, f(x))$ の近傍系の基として $U(x)\times V(f(x))$ をとる．f が連続であるから $V(f(x))$ に対して $U_1(x)$ を定めて，$f(U_1(x))\subset V(f(x))$ とするよう

1）［定理］V-18-3
2）［定理］V-18-4

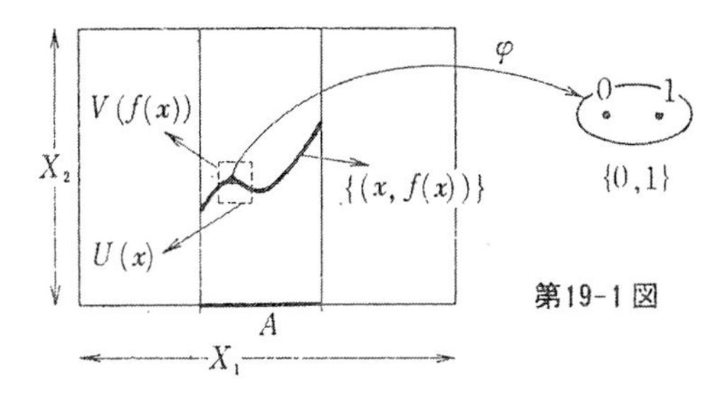

第19-1図

に出来る．$U(x) \subset U_1(x)$ とれば，$\phi(U(x)) \subset \{(x, f(x)) \mid x \in U(x), f(x) \in f(U_1(x))\} \subset U(x) \times f(U_1(x)) \subset U(x) \times V(f(x))$．従って $\phi(x)$ は連続となる．そこでAから $\{0,1\}$ への写像 $\varphi \circ \phi$ を考えるとこれは上への写像で連続となって，Aが連結でなくなり矛盾．

3. $\overline{C_B} \subset \overline{B} \subset A$ で $\overline{C_B}$ は連結かつ $a \in \overline{C_B}$．$\therefore$ $\overline{C_B} \subset C_A$．

4. $\mathring{Y} = Y - \overline{Y^c}$，$\mathring{Y^c} = Y^c - \overline{Y}$ とおくと，$\mathring{Y}$，$\overline{Y} \cap \overline{Y^c}$，$\mathring{Y^c}$ は互に素で，$X = \mathring{Y} \cup (\overline{Y} \cap \overline{Y^c}) \cup \mathring{Y^c}$．

いま，$A \cap \overline{Y} \cap \overline{Y^c} = \phi$ とすると，$A \subset \mathring{Y} \cup \mathring{Y^c}$，$A \cap \mathring{Y} \neq \phi$，かつ $A \cap \mathring{Y^c} \neq \phi$．$A$ は連結であり，$\mathring{Y}$, $\mathring{Y^c}$ が開集合なることからこれは矛盾．ゆえに $A \cap \overline{Y} \cap \overline{Y^c} \neq \phi$．

§20 局所連結

コンパクトの項で局所コンパクトについての説明をした[1]．全体の空間がコンパクトでなくても部分的にみてコンパクトになるものが沢山あって，非常に有用であることを既にみてきている．連結についても全空間または全集合としては連結でなくとも，部分的に連結である性質が非常に有用なことがある．局所コンパクトの定義は $(X, \mathfrak{T})$ のどの点にもコンパクトな近傍が少なくとも一つとれるということで，大変わかり易かった．局所的な性質を持たせる規定は他にもいろいろある．たとえば局所有限[2]，局所距離付可能[3] 等々．これらは何れも局所コンパクトと同じように，各点 x に対してその性質をもつ近傍が少くも一つとれるということであるが，

1) 第4章 §15
2) 第4章 §17
3) 第6章 参照

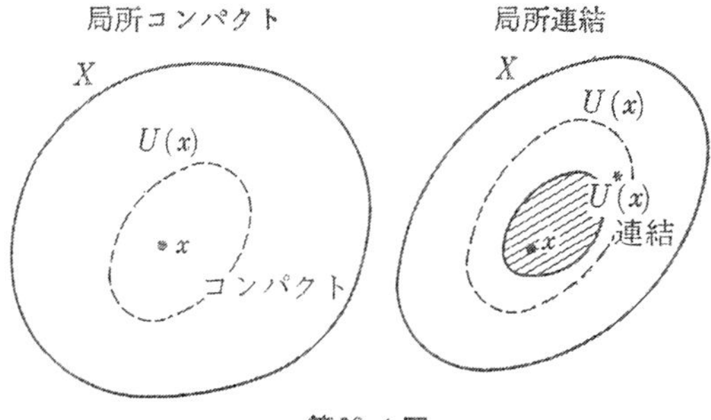

第20-1図

局所連結だけは，一寸様子がちがうことに注意してほしい．

［**定義**］ 位相空間 $(X, \mathcal{T})$ の任意の点を x とする． 点 x の任意の近傍 $U(x)$ に対して，x の連結な近傍 $U^*(x)$ がとれて $U^*(x) \subset U(x)$ であるとき，$(X, \mathcal{T})$ は**局所連結** (locally connected) であるという．

［定理］ V-20-1 位相空間 $(X, \mathcal{T})$ に於て，つぎの (1), (2), (3) は同値である．

(1) $(X, \mathcal{T})$ は局所連結である．

(2) $(X, \mathcal{T})$ の開集合の成分はすべて開集合である．

(3) 連結な開集合のすべてからなる集合族 $\mathcal{T}_c$ は $\mathcal{T}$ の基となる．

（証明） (1)→(2) G を X の任意の開集合とする．G の任意の点 x の G における成分を $C(x)$ とする．y を $C(x)$ の任意の点とすると G は y の開近傍である． X が局所連結であるから y の連結な近傍 $U^*(y)$ が存在して $U^*(y) \subset G$． 従って $U^*(y) \subset C(x)$． ゆえに $C(x)$ は開集合．

(2)→(3) G を任意の開集合とすれば (2) より G は連結な開集合の和集合としてあらわされる．ゆえに $\mathcal{T}_c$ は $\mathcal{T}$ の基となる．

(3)→(1) X の任意の点 x の近傍 $U(x)$ をとると連結な開集合 $U^*(x)$ が存在して，$x \in U^*(x) \subset U(x)$． これは X が局所連結なることを示す．

（証明終）

局所連結であっても連結にならないことは当然あり得るわけだが， 局所コンパクトなどとちがって， 連結の場合は，全体として連結であっても局所連結にならないような場合があり得る．これは局所連結の定義が単に連結な近傍をもつというだけでないところに起因する．

［例］6. 離散空間 $(X, \mathcal{T})$ が2点以上を含むとする．点 x の開近傍 $U(x)$ に対し $\{x\}$ はそれに含まれる x の連結な近傍となるから局所連結である．しかし，2点以上ある場合は $(X, \mathcal{T})$ は連結にはならない．

［例］7. 空間 X として $X=Y\cup\bigcup_{r\in Q}Y_r$ とする．ここに，$Y=\{(x,0)\mid x\in \boldsymbol{R}\}$，$Y_r=\{(r,y)\mid y\in \boldsymbol{R}\}_{r\in Q}$ とする．

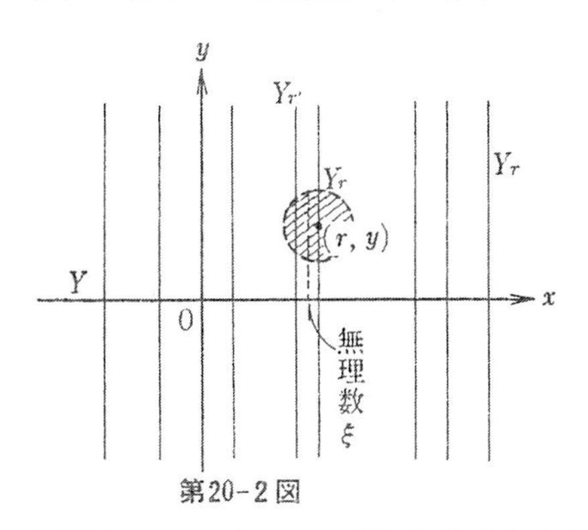

第20-2図

位相 $\mathcal{T}$ は $\boldsymbol{R}^2$ の通常位相[1]の元と X との交わりをとる．このとき $(X, \mathcal{T})$ は連結ではあるが局所連結にはならない．

先ず連結になることは Y, Y_r とも連結で Y はすべての Y_r と共有点をもつことより明らかであろう．

局所連結でないことはつぎのように示される．一つの Y_r 上の $y\neq 0$ である点 (r, y) を中心として Y と共有点を持たないような円の内部と X との交わりを (r, y) の近傍としてとる．この近傍が連結でないこと示せばよいことは殆んど明らかであろう．$Y_r, Y_{r'}$ がこの近傍と交わるとして，$r'<r$ とし，$r'<\xi<r$ なる無理数 ξ をとって，近傍内の x 座標が ξ より大きい X の点の集合を U_+，小さい点の集合を U_- とすると，$U_+\cup U_-$ は近傍となり，$U_+\cap U_-=\phi$ で，ともに開集合．従ってこの近傍は連結ではない[2]．

§21. 弧状連結

連結という言葉がわれわれに与えてくれる直観的イメージは点と点とが

1) $\boldsymbol{R}$ に通常位相を入れて $\{u\}$ とするとき $\{u\times u\}$ を $\boldsymbol{R}^2$ の通常位相と考えてよい．または，点を中心とし任意の半径の円の内部を基とした位相としてよい．
2) 連結の［定義］1.

線で結べるということだろう．ところがすぐあとで紹介するように，普通にいう連結は必ずしも線で結べるわけではない．この線で結べるという条件は普通の連結よりも強い条件で，従って線で結べるものは普通の意味では連結になるのである．

［**定義**］ 位相空間 $(X, \mathcal{T})$ のなかでの**曲線**（curve）とは $\boldsymbol{R}$ の閉区間 $[\alpha, \beta]$ から X への連続写像 φ のことである．

［**定義**］ $(X, \mathcal{T})$ の曲線 $\varphi:[\alpha, \beta] \to X$ の**跡**（trace）とは集合 $\varphi([\alpha, \beta])=\{\varphi(t) \mid t \in [\alpha, \beta]\}$ のことである．

曲線の跡は連結集合となる[1]．

［**定義**］ 位相空間 $(X, \mathcal{T})$ が**弧状連結**（arcwise connected）であるとはつぎの条件をみたすことである．

Xの任意の2点 a, b に対して，曲線 $\varphi:[\alpha, \beta] \to X$ が存在して $\varphi(\alpha)=a$, $\varphi(\beta)=b$ となる．また，部分集合Aが**弧状連結**であるとは相対位相に於て弧状連結のことである．

［**定理**］ V-21-1　$(X, \mathcal{T}_X)$ を弧状連結空間，$(Y, \mathcal{T}_Y)$ を位相空間とし，$f: X \to Y$ を連続写像とするとき $f(X)$ はYの弧状連結な部分集合である．

（証明）$f(X)$ の2点を p, q とし，$a \in f^{-1}(p)$, $b \in f^{-1}(q)$ なる2点 a, b をXにとる．Xは弧状連結であるから曲線 $\varphi:[\alpha, \beta] \to X$ が存在して $\varphi(\alpha)=a$, $\varphi(\beta)=b$.

$f \circ \varphi$ は $[\alpha, \beta] \to Y$ の連続な写像で $f \circ \varphi(\alpha)=f(a)=p$, $f \circ \varphi(\beta)=f(b)=q$ であるから $f(X)$ は弧状連結である．

［**定理**］ V-21-2　$(X, \mathcal{T})$を弧状連結空間とすれば$(X, \mathcal{T})$は連結である．

（証明）X の一点 a と任意の点 y とをとる．仮定より曲線 $\varphi:[\alpha, \beta] \to X$ が存在して $\varphi(\alpha)=a$, $\varphi(\beta)=y$.　$\therefore a, y \in \varphi([\alpha, \beta])$.　a の成分を $C(a)$ とすると，$\varphi([\alpha, \beta])$ は連結であるから $y \in C(a)$.
ゆえに $X=C(a)$．従って $(X, \mathcal{T})$ は連結である．　（証明終）

---

1) ［定理］V-18-3

［例］8.　$A=\{(0,y)\mid -1\leqq y\leqq 1\}$，$B=\left\{\left(x,\ \sin\dfrac{2\pi}{x}\right)\middle|\, x\in(0,1]\right\}$ とする．$C=A\cup B$ としよう．A は区間であるから連結である．$\sin\dfrac{2\pi}{x}$ は $(0,1]$ で連続であるから，Bは連結である[1]．Aの点を中心とするどんな小円をかいてもBの元を含むことから，$A\cap\bar{B}\neq\phi$．このことよりCが連結なることは容易に示せる．

つぎにCは弧状連結でないことを示そう．先ず，$\alpha<x\leqq\beta$ のとき $\varphi(\alpha)\in A$，$\varphi(x)\in B$ となるような $\varphi:[\alpha,\beta]\to C$ となる曲線のないことを示す．もしこのような φ があったとすると，$[\alpha,\beta]$ から $\boldsymbol{R}$ への連続写像 φ_1,φ_2 が存在して，$\varphi=(\varphi_1,\varphi_2)$ [2]．φは連続であるから，$0<\gamma$ なるγに対して $t\in[\alpha,\alpha+\gamma]$ なるとき $|\varphi_2(t)-\varphi_2(\alpha)|\leqq\dfrac{1}{2}$．$\varphi(\alpha+\gamma)\in B$ であることから $z\in(0,1]$ なるzが存在して，$\varphi(\alpha+\gamma)=\left(z,\ \sin\dfrac{2\pi}{z}\right)$．$\varphi_2(\alpha)\geqq 0$ とし，$s\in(0,z)$ なる s に対して $\sin\dfrac{2\pi}{s}=-1$ であるとしよう．$F=\{(x,y)\mid x\leqq s\}$ とおく．$\varphi([\alpha,\alpha+\gamma])$は連結で，$F\cap\varphi([\alpha,\alpha+\gamma])\neq\phi$，$F^c\cap\varphi([\alpha,\alpha+\gamma])\neq\phi$．このとき　$t_0\in[\alpha,\alpha+\gamma]$ なる t_0 が存在して，$\varphi(t_0)\in\{(x,y)\mid x=s\}$ [3]．また $\varphi(t_0)\in B$ である．

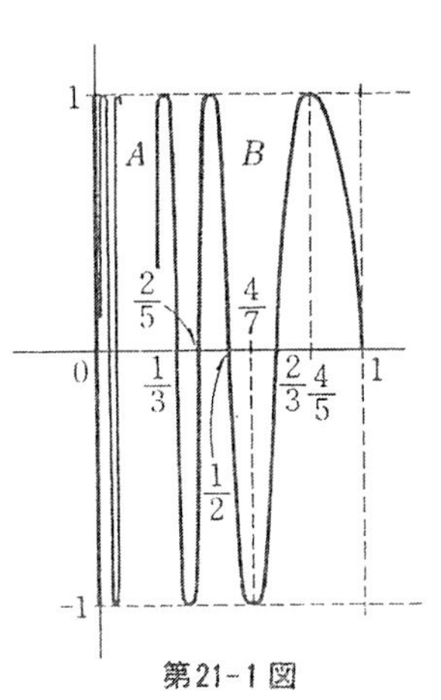

第21-1図

$$\therefore\ \varphi(t_0)\in B\cap\{(x,y)\mid x=s\}=\left\{\left(s,\ \sin\frac{2\pi}{s}\right)\right\}=\{(s,-1)\}.$$

従って$\varphi_2(t_0)=-1$. $t_0\in[\alpha,\alpha+\gamma]$より$|(-1)-\varphi_2(\alpha)|=|\varphi_2(t_0)-\varphi_2(\alpha)|\leqq\dfrac{1}{2}$．これは $\varphi_2(\alpha)\geqq 0$ に反する．$\varphi_2(\alpha)\leqq 0$としても同様に矛盾に帰する．

つぎに $\varphi(\alpha)\in A$，$\varphi(\beta)\in B$ となるような曲線 $\varphi:[\alpha,\beta]\to C$ が存在しないことを示そう．このようなφがあったとする．

1) 練習問題1の2参照．
2) 練習問題1の2と同様に証明出来る．
3) 練習問題1の4．

$t\in[\alpha,\beta]$, $\varphi(t)\in B$ ならば，正数 δ が存在して，$x\in[\alpha,\beta]$ で $|x-t|<\delta$ のとき，$\varphi(x)\in B$.

$D=\{x\,|\,x\in(\alpha,\beta],\ \varphi(y)\in B$ 但し $x\leqq y\leqq\beta\}$ とおくと，$D\neq\phi$. $d=\inf D$ とおくときは $\varphi(d)\in A$ であって，$y\in(\alpha,\beta]$ ならば $\varphi(y)\in B$. そこで φ を $[\alpha,\beta]$ に制限した写像を ψ とすると ψ は $\varphi(d)\in A$ であって $x\in(d,\beta]$ なるとき $\varphi(x)\in B$ となる C の中の曲線となる．このような曲線が存在しないことは先に示した．したがって，$\varphi(\alpha)\in A$, $\varphi(\beta)\in B$ であるような曲線 φ: $[\alpha,\beta]\to C$ も存在しない．

以上によって C が弧状連結でないことが示せたわけである．

練習問題 2

1.　つぎの (1), (2) は同値であることを示せ．
　(1)　$(X,\mathcal{T})$ は局所連結である．
　(2)　$(X,\mathcal{T})$ の各点 x に於て，その任意の近傍 $U(x)$ をとるとき，$U(x)$ の x に於ける成分は x のある近傍を含む．

2.　$\boldsymbol{R}^2$ の部分集合 $\{(x,y)\,|\,(x+1)^2+y^2<1\}\cup\{(x,y)\,|\,(x-1)^2+y^2\leqq 1\}$ は連結集合か．また，弧状連結か．

3.　$\boldsymbol{R}^2$ の部分集合 $\{(0,y)\,|\,0<y\leqq 1\}\cup\{(x,0)\,|\,0<x\leqq 1\}\cup\left(\bigcup_{n=1}^{\infty}\left\{\left(\frac{1}{n},y\right)\,\middle|\,0<y\leqq 1\right\}\right)$ は連結集合か．また，弧状連結か．

4.　$(X,\mathcal{T})$ を局所連結な位相空間とし，2点 x,y が X の異なる成分に含まれるとすれば，互に分離された部分集合 A,B が存在して $X=A\cup B$, $x\in A$, $y\in B$ となることを示せ．

5.　$(X,\mathcal{T})$ は連結かつ局所連結な位相空間とし，$(X,\mathcal{T})$ 上の実数値連続関数 f で，$0\leqq f(x)\leqq 1$ $(\forall x\in X)$ であるようなものがあるとする．いま，X の2点 a,b に対して $f(a)=0$, $f(b)=1$ とし，任意の $0<\alpha<1$ に対して $A=\{x\,|\,f(x)<\alpha\}$ とおく．
　$C(a)$ を A における a を含む成分，$B=(\overline{C(a)})^c$, $C(b)$ を B における b を含む成分とする．このとき，$\overline{C(a)}\cap\overline{C(a)^c}\cap\overline{C(b)}\cap\overline{C(b)^c}\neq\phi$ であって，これは $f^{-1}(\alpha)$ に含まれることを示せ．

練習問題2の略解

1.　(1)→(2)　$U(x)$ に対して，連結な近傍 $U^*(x)$ があって $U(x)\supset U^*(x)$. $C(x)$ を $U(x)$ における成分とすると，これは最大の連結集合だから $C(x)\supset U^*(x)$.

　(2)→(1)　$U(x)$ の x における成分を V とすると V は x の近傍を含んでいることから開集合であることがわかりかつ連結であるので V が U に含まれる連結な近傍となる.

2.　$A=\{(x,y)\,|\,(x+1)^2+y^2<1\}$，$B=\{(x,y)\,|\,(x-1)^2+y^2\leqq 1\}$ は共に連結で $\bar{A}\cap B=\{(0,0)\}\neq\phi$ であるから連結である．しかも $A\cup B$ は $\{(x,0)\,|\,-1\leqq x\leqq 1\}$ なる線分を全く含むから弧状連結でもある.

3.　この集合は連結であるが弧状連結でないことは［例］8 と同様に証明できる.

4.　x の成分を A とすると A は閉かつ開なる集合．ゆえに A^c もまた閉かつ開なる集合．$A^c=B$ とすれば，A, B は互に分離されていて，$A\ni x$, $B\ni y$，$A\cup B=X$.

5.　$\overline{C(a)}\cap\overline{C(b)}\cap\overline{C(b)^c}=\phi$ とする．$x\in\overline{C(b)}\cap\overline{C(b)^c}$ とすると x の連結な近傍 $U^*(x)$ で，$C(a)\cap U^*(x)=\phi$ なるものをとれば，$U^*(x)\cap C(b)\neq\phi$.また，$C(b)$ は $(\overline{C(a)})^c$ の成分であるから，$U^*(x)\subset C(b)$. ゆえに $x\in C(b)$．従って $\overline{C(b)}\cap\overline{C(b)^c}\subset C(b)$．このことは $C(b)$ が閉集合なることを意味する．$C(b)$ は開集合 $(\overline{C(a)})^c$ の成分であるから開集合[1]. $C(b)$ は X の閉かつ開の部分集合で X が連結であることに反する. $\therefore\ \overline{C(a)}\cap\overline{C(b)}\cap\overline{C(b)^c}\neq\phi$.　また，$C(a)^c$ は閉集合となり，$C(b)\subset(\overline{C(a)})^c\subset C(a)^c$ だから $C(a)\cap\overline{C(b)}=\phi$. $\therefore\ C(a)\cap\overline{C(b)}\cap\overline{C(b)^c}=\phi$. $\therefore\ \overline{C(a)}\cap\overline{C(a)^c}\cap\overline{C(b)}\cap\overline{C(b)^c}\neq\phi$.

　つぎに，この空でない集合から1点 x をとると，$x\in\overline{C(a)}\subset\bar{A}$ より $f(x)\leqq\alpha$．もし $f(x)<\alpha$ とすると $x\in A$. A は開集合であるから x の連結な近傍 $U^*(x)$ がとれて $A\supset U^*(x)$．$U^*(x)\cap C(a)\neq\phi$ だから $U^*(x)\subset C(a)$．x は $C(a)$ の内点となって不合理．$\therefore\ f(x)=\alpha$.

---

1)［定理］V-20-1

第9章　距離付け問題

§22　距離空間

既に第4章の終りに，距離空間の精確な定義を与えておいた．何度もくりかえして述べて来たように，位相空間論の最終の目的は実数の性質の本質的な解明にあり，一般の位相空間と実数との中間の位置に距離空間が考えられて，その解明が重要な鍵となっている．

トポロジーとは“ゴムで出来た物体を引き裂くことなく伸ばしたり縮めたりしても変わらない性質”を表わすのであるから，伸ばしたり，縮めたりすれば当然距離は変わることより，距離そのものは位相的性質でないことは明らかであろう．

しかし，実数の u-topology はもともとが距離から導かれていることも明らかで，実数に与えられているこのような距離――つまり，$\forall x, y \in \boldsymbol{R}$ に対して $d(x, y)=|x-y|$ とする．――から位相的な多くの性質が導き出されることもよく知られている．

本章では，再びこの距離空間をとりあげて，一般の位相空間に，その位相的性質を変えないような距離が与えられるかどうかの問題をとりあつかってみようと思う．

重複のきらいはあるがもう一度距離の定義からはじめてみよう[1]．

---

1) 第4章 §17 参照．

［定義］ Xを空でない集合とし，積集合 $X\times X$ から $\boldsymbol{R}$[1] への写像 $d(x,y)$ をつぎの条件を満たすものとする．

(1)　$\forall(x,y)\in X\times X$　に対して　$d(x,y)\geqq 0$.

(2)　$\forall(x,x)\in X\times X$　に対して　$d(x,x)=0$.[2]

(3)　$\forall(x,y)\in X\times X$　に対して　$d(x,y)=d(y,x)$[3]

(4)　dは**三角不等式**を満たす．すなわち　$\forall x,y,z\in X$　に対して
　$d(x,z)\leqq d(x,y)+d(y,z)$.

このとき，dをX上の**擬距離**といい，Xをdを擬距離とする**擬距離空間**[4]という．更にdがつぎの(0)を満たすとき，dはXの**距離**といい，Xをdを距離とする**距離空間**[5]という．これを(X,d)であらわす．

(0)　$\forall(x,y)\in X\times X$　に対して　$d(x,y)=0$　ならば　$x=y$.

［定義］ dを距離(擬距離)とする距離(擬距離)空間Xに於て，Xの部分集合 $B(a;\varepsilon)=\{x\,|\,x\in X,\ d(a,x)<\varepsilon\}$を$a$を中心，$\varepsilon$を半径とする**球体**[6]という．ただし，$a$は$X$の点で，$\varepsilon$は正の実数である．

［定義］ 距離(擬距離)空間(X,d)に於て，任意個の球体の和であらわされる部分集合(ϕも含むものとする．)を**開集合**という．

［定理］VI-22-1　距離(擬距離)空間(X,d)に開集合を上のように定めたとき，(X,d)は位相空間である．

(証明)［定義］に定めた開集合からなる族を$\mathfrak{T}$とする．

i)　$U_\lambda\in\mathfrak{T}(\lambda\in\Lambda)$ のとき $\bigcup_{\lambda\in\Lambda}U_\lambda\in\mathfrak{T}$.

$\because$　$U_\lambda\in\mathfrak{T}$ より $U_\lambda=\bigcup_{\mu_\lambda}B_{\mu_\lambda}(a_{\mu_\lambda};\varepsilon_{\mu_\lambda})$であるから，$\bigcup_{\lambda\in\Lambda}U_\lambda=\bigcup_{\lambda\in\Lambda}\bigcup_{\mu_\lambda}B_{\mu_\lambda}(a_{\mu_\lambda};\varepsilon_{\mu_\lambda})=\bigcup_{\mu,\lambda}B_{\mu_\lambda}(a_{\mu_\lambda};\varepsilon_{\mu_\lambda})$　$\therefore$ $\bigcup_{\lambda\in\Lambda}U_\lambda\in\mathfrak{T}$.

ii)　$U_{\lambda_i}\in\mathfrak{T}$ $(i=1,2,\cdots,n)$ のとき $\bigcap_{i=1}^{n}U_{\lambda_i}\in\mathfrak{T}$.

---

1) $\boldsymbol{R}$は実数の集合．
2) 反射律
3) 対称律
4) pseudometric space
5) metric space
6) ball 又は ε-ball

∵ $U_{\lambda_1}\cap U_{\lambda_2}\in\mathfrak{T}$ を証明すれば十分である.

$x\in U_{\lambda_1}\cap U_{\lambda_2}$ とすると $x\in U_{\lambda_1}$ かつ $x\in U_{\lambda_2}$. $U_{\lambda_1}\in\mathfrak{T}$ より

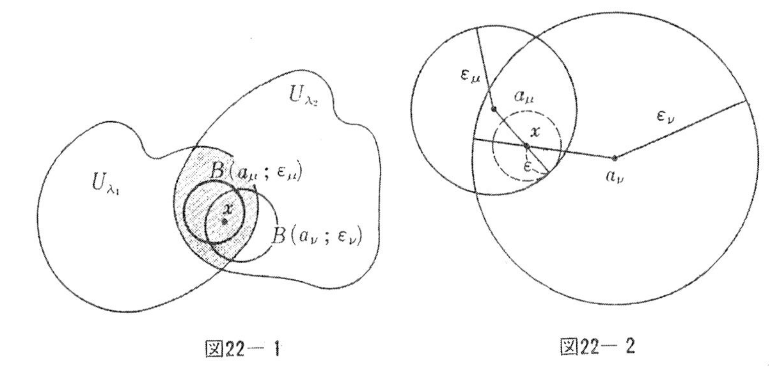

図22－1　　　図22－2

$U_{\lambda_1}=\bigcup_{\mu\in M}B(a_\mu\,;\,\varepsilon_\mu)$. ゆえにある a_μ,ε_μ が存在して $x\in B(a_\mu\,;\,\varepsilon_\mu)$. また $U_{\lambda_2}\in\mathfrak{T}$ より $U_{\lambda_2}=\bigcup_{\nu\in N}B(a_\nu\,;\,\varepsilon_\nu)$. ゆえに a_ν,ε_ν が存在して $x\in B(a_\nu\,;\,\varepsilon_\nu)$. ∴ $x\in B(a_\mu\,;\,\varepsilon_\mu)\cap B(a_\nu\,;\,\varepsilon_\nu)$. $\varepsilon_\mu-d(a_\mu,x)$ と $\varepsilon_\nu-d(a_\nu,x)$ とのうちの大きくない方を ε とする. 図22-2からわかるように, $B(x\,;\,\varepsilon)\subset B(a_\mu\,;\,\varepsilon_\mu)\subset U_{\lambda_1}$ $B(x\,;\,\varepsilon)\subset B(a_\nu\,;\,\varepsilon_\nu)\subset U_{\lambda_2}$.

∴ $B(x\,;\,\varepsilon)\subset U_{\lambda_1}\cap U_{\lambda_2}$

∴ $U_{\lambda_1}\cap U_{\lambda_2}=\bigcup B(x\,;\,\varepsilon)$. 従って $U_{\lambda_1}\cap U_{\lambda_2}\in\mathfrak{T}$.

さて, この i), ii) が成立することより $(X,\mathfrak{T})$ は位相空間で $\mathfrak{T}$ はその位相である. （証明おわり）

［定義］ 距離空間 (X,d) に上述のように入れた位相を, **d によって生成された位相**という.

［定義］ 位相空間 $(X,\mathfrak{T})$ に於て, その位相がある距離から生成されているとき, X は**距離付け可能な空間**[1] といい, この距離はXの位相に**合致する**[2] という.

例 1. Xを任意の集合とし, $\forall(x,y)\in X\times X$ に対し $d(x,y)=0$ と定

1) metrizable space
2) compatible

めるとき，X は擬距離空間である．この d によって生成される位相 $\mathcal{T}$ は密着位相[1] である．つまり，$\mathcal{T}=\{\phi, X\}$．従って，X が位相空間としてはじめから位相が与えられているときは，ここで定めた擬距離 d が X の位相に合致するためには，X は密着空間でなければならない．

例 2. X を任意の空でない集合とし，$\forall(x, y)\in X\times X(x\neq y)$ に対し $d(x, y)=1$, $\forall(x, x)\in X\times X$ に対し $d(x, x)=0$ と定めるとき，X は距離空間であって，この d によって生成される位相 $\mathcal{T}$ は離散位相[2] である．つまり，X のすべての部分集合が開集合である．その理由は，$\forall x\in X$ を考えると $\{x\}=B\left(x; \dfrac{1}{2}\right)$ となって，$\{x\}$ が開集合となり，従って任意の部分集合の点は和集合ととらえられるから開集合となる．

例 3. $X=A\cup B$, $A\cap B=\phi$ とし，$\forall a, a'\in A$ に対しては $d(a, a')=0$, $\forall b, b'\in B$ に対しては $d(b, b')=0$, $\forall a\in A$, $\forall b\in B$ に対しては $d(a, b)=d(b, a)=1$ と定めるとき X は擬距離空間である．この擬距離の生成する位相は $\mathcal{T}=\{\phi, A, B, X\}$ である．

例 4. $\boldsymbol{R}$ を実数全体の集合とし，$X=\boldsymbol{R}$ とする．$\forall x, y\in X$ に $d(x, y)=|x-y|$ なる距離を導入すれば，これによって生成される位相は u-topology となる．そればかりではなく，X には例 1, 例 2 等のように $d(x, y)=0$ であるような擬距離や，$d(x, x)=0$, $d(x, y)=1$ $(x\neq y)$ であるような距離を入れて，密着位相，離散位相を生成することも出来るのである．

例 5. $\boldsymbol{R}$ を実数の集合とし，$X=\boldsymbol{R}^n=\boldsymbol{R}\times\boldsymbol{R}\times\cdots\times\boldsymbol{R}$ とする．$\forall(x_1, x_2, \cdots, x_n)$, $(y_1, y_2, \cdots, y_n)\in X$ に対して

$$d((x_1, x_2, \cdots, x_n), (y_1, y_2, \cdots, y_n))=\sqrt{\sum_{i=1}^{n}(x_i-y_i)^2}$$

と定めると，X は距離空間となる．このとき X を **n 次元ユークリッド空間**という．

例 6. 例 5 と同じく $X=\boldsymbol{R}^n$ とする．$\forall(x_1, x_2, \cdots, x_n)$, $(y_1, y_2, \cdots, y_n)$

---

1) 第 2 章 §4 参照．
2) 第 2 章 §4 参照．

$\in X$ に対し

$$d((x_1, x_2, \cdots, x_n), (y_1, y_2, \cdots, y_n)) = \left(\sum_{i=1}^{n} |x_i - y_i|^p\right)^{\frac{1}{p}}$$

と定める．ここで，$p=2$ ならば n 次元ユークリッド空間が得られるのであるが，$p \geqq 1$ $(p \neq 2)$ としたとき，やはり距離空間となる．このとき X を**ミンコフスキー空間**[1)]という．

さて，例5, 例6を含め，上で定めた距離が距離条件を満たすことを示そう．(0), (1), (2), (3) は明らかであるから(4) の三角不等式の証明をしよう．

いま，$a, b>0$ で $0<\theta<1$ なるとき

$$\theta \log a + (1-\theta) \log b \leqq \log(\theta a + (1-\theta) b)$$

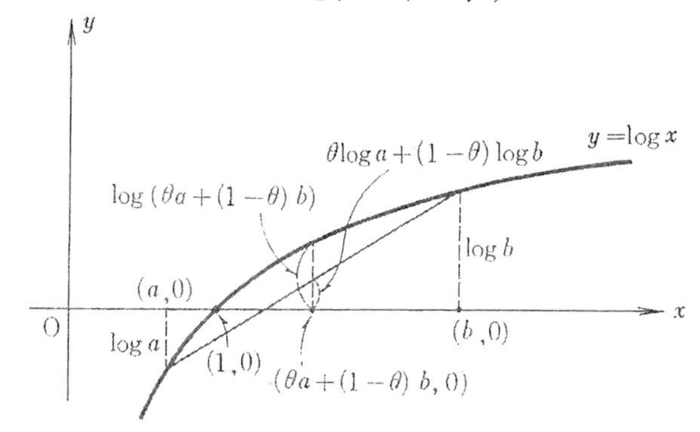

図22－3

なることは，図22-3より明らかであろう．ここで等号は $a=b$ のときに限る．この式から

$$a^{\theta} b^{1-\theta} \leqq \theta a + (1-\theta) b \quad \cdots\cdots\cdots\cdots\cdots\cdots ①$$

が得られて，等号は $a=b$ のときに限る．

不等式①で $a=a_r/A$, $b=b_r/B$ $(r=1, 2, \cdots, n)$ とする．ただし，a_r, $b_r>0$ で $A=\sum_{r=1}^{n} a_r$, $B=\sum_{r=1}^{n} b_r$ とする．このようにして得られた r 個の

1) Minkovski

不等式を辺々加えると

$$\frac{1}{A^{\theta}B^{1-\theta}}\sum_{r=1}^{n}a_r{}^{\theta}b_r{}^{1-\theta}\leqq\frac{\theta}{A}\sum_{r=1}^{n}a_r+\frac{1-\theta}{B}\sum_{r=1}^{n}b_r=1$$

が得られ，従って

$$\sum_{r=1}^{n}a_r{}^{\theta}b_r{}^{1-\theta}\leqq\left(\sum_{r=1}^{n}a_r\right)^{\theta}\left(\sum_{r=1}^{n}b_r\right)^{1-\theta}\quad\cdots\cdots②$$

が得られる．等号はすべての r について $a_r/A=b_r/B$ が成立するときに限り，従って，すべての r について $a_r/b_r=$一定 のときに限り成立する．

そこで，$a_r{}^{\theta}=c_r$, $b_r{}^{1-\theta}=d_r$ とおくと $c_r, d_r>0$.

また $\theta=\dfrac{1}{p}$, $1-\theta=\dfrac{1}{q}$ とおくと，p, q は共に1より大で $1/p+1/q=1$.

c_r, d_r が0になることも許して，つぎの不等式が②より導けることは明らかであろう．

$$\sum_{r=1}^{n}c_rd_r\leqq\left(\sum_{r=1}^{n}c_r{}^{p}\right)^{\frac{1}{p}}\left(\sum_{r=1}^{n}d_r{}^{q}\right)^{\frac{1}{q}}\quad\cdots\cdots③$$

ここで，等号は r に無関係な k に対して $c_r{}^{p}=kd_r{}^{q}$ がすべての r について成立するときにのみ成立する．③はヘルダーの不等式[1)2)]と呼ばれる．

いま，$\sum_{r=1}^{n}(a_r+b_r)^p$ を $a_r\geqq0$, $b_r\geqq0$, $p>1$ のとき考えよう．

$1/q=1-1/p$ とおくと③によって，

$$\begin{aligned}\sum_{r=1}^{n}(a_r+b_r)^p&=\sum_{r=1}^{n}a_r(a_r+b_r)^{p-1}+\sum_{r=1}^{n}b_r(a_r+b_r)^{p-1}\\&\leqq\left(\sum_{r=1}^{n}a_r{}^{p}\right)^{\frac{1}{p}}\left(\sum_{r=1}^{n}(a_r+b_r)^{q(p-1)}\right)^{\frac{1}{q}}\\&\quad+\left(\sum_{r=1}^{n}b_r{}^{p}\right)^{\frac{1}{p}}\left(\sum_{r=1}^{n}(a_r+b_r)^{q(p-1)}\right)^{\frac{1}{q}}\end{aligned}$$

ところで $q(p-1)=p$ かつ $1-1/q=1/p$ であるから

$$\left(\sum_{r=1}^{n}(a_r+b_r)^p\right)^{\frac{1}{p}}\leqq\left(\sum_{r=1}^{n}a_r{}^{p}\right)^{\frac{1}{p}}+\left(\sum_{r=1}^{n}b_r{}^{p}\right)^{\frac{1}{p}}\quad\cdots\cdots④$$

---

1) Hölder's Inequality
2) $p=q=2$ なるとき特に Cauchy's Ivnequality と呼ぶ

④で等号は，r に無関係な k に対して，$a_r=kb_r$ がすべての r について成立するときに限って成立する．④は**ミンコフスキーの不等式**[1] と呼ばれる．

さて，この④で $a_r=|x_r-y_r|$，$b_r=|y_r-z_r|$ とおくと

$$\left(\sum_{r=1}^{n}|x_r-z_r|^p\right)^{\frac{1}{p}}=\left(\sum_{r=1}^{n}|x_r-y_r+y_r-z_r|^p\right)^{\frac{1}{p}}\leqq\left(\sum_{r=1}^{n}(|x_r-y_r|+|y_r-z_r|)^p\right)^{\frac{1}{p}}$$

$$\leqq\left(\sum_{r=1}^{n}|x_r-y_r|^p\right)^{\frac{1}{p}}+\left(\sum_{r=1}^{n}|y_r-z_r|^p\right)^{\frac{1}{p}}$$

従って

$$d((x_1, x_2, \cdots, x_n), (z_1, z_2, \cdots, z_n))\leqq d((x_1, x_2, \cdots, x_n), (y_1, y_2, \cdots, y_n))$$
$$+d((y_1, y_2, \cdots, y_n), (z_1, z_2, \cdots, z_n)).$$

$p=1$ なるときは明らかに成立するので，$p\geqq1$ なるとき三角不等式は成立し，n 次元ユークリッド空間もミンコフスキー空間も距離空間であることが示された．

例 7.　$\boldsymbol{R}$ を実数の集合とし，可附番個の $\boldsymbol{R}$ の積集合を X とする．X の点 $(x_1, x_2, \cdots, x_n, \cdots)$ で $\sum_{i=1}^{\infty}|x_i|^2$ が有限であるようなものの集合を H とすれば，H は X の部分集合である．H の2点 $x=(x_1, x_2, \cdots, x_n, \cdots\cdots)$，$y=(y_1, y_2, \cdots, y_n, \cdots\cdots)$ に対して $d(x, y)=\sqrt{\sum_{i=1}^{\infty}|x_i-y_i|^2}$ と定める．

Hが距離空間となることは，$d(x, y)$ が必ず存在することからはじめなければならない．$|a-b|^2\leqq2(a^2+b^2)$ であるから $\sum|x_i|^2$，$\sum|y_i|^2$ が有限ならば $\sum|x_i-y_i|^2$ も有限確定するので $d(x, y)$ は存在する．距離の条件については，三角不等式以外の成立は容易に認められよう．三角不等式についてはミンコフスキーの不等式が，$n\to\infty$ でも成立することより証明される．

この空間Hを**ヒルベルト空間**[2] という．

1) Minkovski's Inequality
2) Hilbert space

例 8. Xとして閉区間$[0, 1]$の上の連続関数の全体の集合$\mathscr{F}$をとり，$\forall f(x), g(x) \in \mathscr{F}$に対して

$$d(f(x), g(x)) = \sup\{|f(x) - g(x)|\} \qquad (0 \leqq x \leqq 1)$$

とする．このとき$(X, \mathscr{T})$が距離空間となることはつぎのように示される．

(1), (3) は明らかであろう．(0), (2) に対しては$f(x) \equiv g(x)$なることと$\sup|f(x) - g(x)| = 0$が同値なることより明らかといえよう．

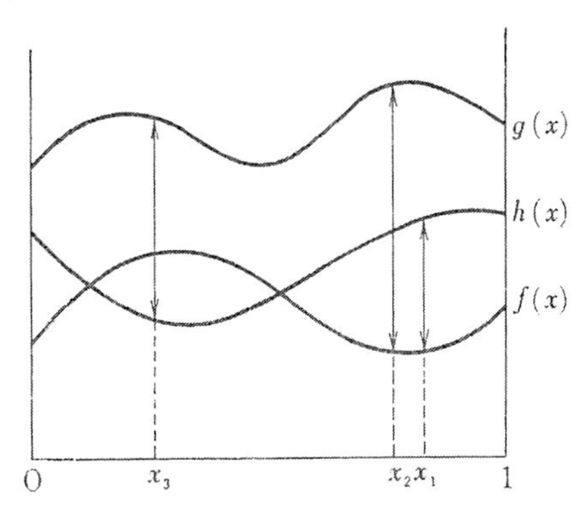

図22－4

やはり問題は三角不等式となる．$|f(x) - g(x)|$も連続関数，従って$d(f(x), g(x)) = \sup|f(x) - g(x)|$より，$0 \leqq t \leqq 1$なる$t$が存在して$d(f(x), g(x)) = |f(t) - g(t)|$[1)]

従って，$f(x)$, $g(x)$, $h(x) \in \mathscr{F}$に対してx_1, x_2, x_3が$[0, 1]$のうちにあって，

$d(f(x), h(x)) = |f(x_1) - h(x_1)|$, $d(f(x), g(x)) = |f(x_2) - g(x_2)|$,

$d(g(x), h(x)) = |g(x_3) - h(x_3)|$

$\therefore \quad d(f(x), h(x)) = |f(x_1) - h(x_1)| = |f(x_1) - g(x_1) + g(x_1) - h(x_1)|$

$\leqq |f(x_1) - g(x_1)| + |g(x_1) - h(x_1)| \leqq |f(x_2) - g(x_2)| + |g(x_3) - h(x_3)| = d(f(x), g(x)) + d(g(x), h(x))$.

1) 最大値到達の定理

§23.　距離空間の位相的性質

距離空間の例を具体的に沢山挙げて来たが，勿論これらは数学のいろいろな箇所で重要な役割を持っている．しかし，これら個々の空間のもついろいろな性質のうち，前節でも示したように距離空間は位相空間となるのだから[1]，それによって統一的につぎの諸定理が成立することは明らかとなる．

そのまえに，いくつかの定義が必要になってくる．これは距離空間をそれと合致する位相空間への読みかえともいうべきものであろう．なお，これらの定義がここまでに位相空間として定義して来たものと同等であることは読者自ら確められたい．

以下に於て，Xを距離空間，dをXの距離とする．

[定義]　$a \in X$ および $\varepsilon > 0$ に対して

$$U_\varepsilon(a) = \{x \mid x \in X,\ d(a, x) < \varepsilon\}$$

をaの **ε-近傍**[2] という．これは§21, 22 に定義したaを中心とした半径 ε の球体のことである．

[定義]　$a \in X$ に対して，aを含むXの部分集合の族で，つぎの性質 [N] をもつものを，aの**近傍**といって$U(a)$であらわし，すべての $U(a)$ からなる集合族をaの**近傍系**という．これは $\mathfrak{N}_a$ であらわす．

[N]　$\exists \varepsilon > 0\,;\ U(a) \supset U_\varepsilon(a)$.

[定義]　$X \supset A$ に対して１点aがつぎの性質 [M] をもつときaをAの集積点[3] という．

[M]　$\forall U(a) \in \mathfrak{N}_a\,;\ \{U(a) - \{a\}\} \cap A \neq \phi$.

Aの集積点からなる集合を，Aの導集合[4] といって A' であらわす．$a \in A$ で $a \notin A'$ である点をAの弧立点という．

1) §22，定理 VI-22-1
2) ε-neiborhood, ε-nbd
3) cluster point
4) derived set

[定義] $\bar{A}=A\cup A'$ で定められる集合をAの閉苞[1] という.

[定理] VI-23-1 Xの各点xの近傍系 $\mathfrak{N}_x$ について, つぎの (N_1), (N_2), (N_3), (N_4) が成り立つ.

(N_1) $\forall U(x)\in\mathfrak{N}_x$ に対して $x\in U(x)$.

(N_2) $U(x)\in\mathfrak{N}_x$ で $U(x)\subset U'$ ならば $U'\in\mathfrak{N}_x$.

(N_3) $U_1(x)\in\mathfrak{N}_x$, $U_2(x)\in\mathfrak{N}_x$ ならば $U_1(x)\cap U_2(x)\in\mathfrak{N}_x$.

(N_4) $\forall U(x)\in\mathfrak{N}_x$ に対して, つぎの条件を満たすVが存在する.

i) $V\in\mathfrak{N}_x$, ii) $\forall y\in V$ に対して $V\in\mathfrak{N}_y$.

[定理] VI-23-2 $a\in\bar{A}$ なるための必要十分条件は $\forall U(a)\in\mathfrak{N}_a$; $U(a)\cap A\neq\phi$.

[定理] VI-23-3 A, B をXの部分集合とするとき,

(K_1) $\bar{\phi}=\phi$.

(K_2) $A\subset\bar{A}$.

(K_3) $\bar{\bar{A}}=\bar{A}$.

(K_4) $\overline{A\cup B}=\bar{A}\cup\bar{B}$.

これらの定理のほかに更にすすんで [定理] IV-17-7, [定理] IV-17-8 が成立することは既に述べた.

これらの定理の成立は距離空間が位相空間であるということで自明のものが多いのであるが, 距離空間であることを直接用いても可能である.

たとえば [定理] VI-23-1 の (N_3) の証明は [定理] VI-22-1 の証明と殆んど同様に出来る.

もう一つ例を挙げておこう. [定理] VI-23-3 の (K_3) を証明しておく.

(K_2) の$A\subset\bar{A}$ の Aの代りに $\bar{A}$ をおくと, $\bar{A}\subset\bar{\bar{A}}$ となるから $\bar{\bar{A}}\subset\bar{A}$ を示せばよい.

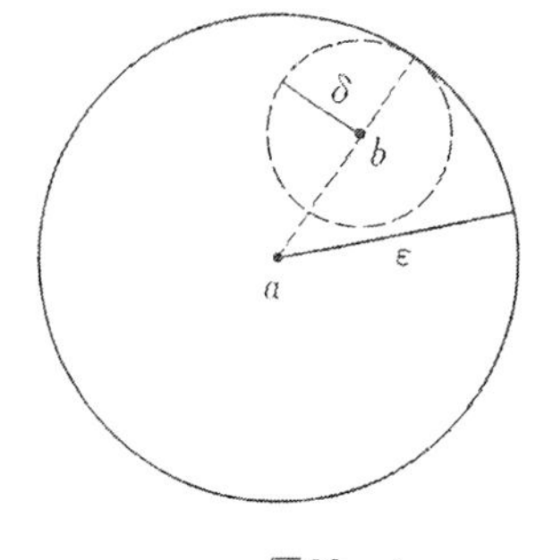

図23－1

1) closure

$a\in\bar{\bar{A}}$ とすると，[定理] VI-23-2 より，$\forall\varepsilon>0$ に対して $U_\varepsilon(a)\cap\bar{A}\neq\phi$. $b\in U_\varepsilon(a)\cap\bar{A}$ なる b をとると $b\in U_\varepsilon(a)$ であるから図 23-1 のように，$\delta=\varepsilon-d(a,b)$ とおくと，$U_\delta(b)\subset U_\varepsilon(a)$. ところで $b\in\bar{A}$ より $U_\delta(b)\cap A\neq\phi$. $\therefore$ $U_\varepsilon(a)\cap A\neq\phi$. $\therefore$ $a\in\bar{A}$ 従って $\bar{\bar{A}}\subset\bar{A}$.

練習問題

1. $X=\boldsymbol{R}^2$ として，$d((x_1, x_2), (y_1, y_2))=\max\{|x_1-y_1|, |x_2-y_2|\}$ と定めるとき，(X, d) は距離空間となることを示せ.

2. §22 の例 8 の $\mathscr{F}$ に於て，$d(f(x), g(x))=\left\{\int_0^1|f(x)-g(x)|^2dx\right\}^{\frac{1}{2}}$ とするとき，$(\mathscr{F}, d)$ は距離空間となることを示せ.

3. [定理] VI-23-1 の (N_3) を証明せよ.

4. [定理] VI-23-3 の (K_4) を証明せよ.

5. $\boldsymbol{R}$ に於て，つぎの部分集合について，下の各場合における $A', \bar{A}$ 等を求めよ.

   $A=\{x|0<x<1\}$，$B=\{x|x\in\boldsymbol{Q}\,;\,0<x<1\}$，$C=\{x|0\leqq x\leqq 1\}$，

   $D=\{x|x\in\boldsymbol{Q}\,;\,0\leqq x\leqq 1\}$，$E=\left\{x|x=\dfrac{1}{n},\ n\in\boldsymbol{N}\right\}$

   i) $\forall x, y\in\boldsymbol{R}$ に対して $d(x, y)=|x-y|$ とするとき.

   ii) $\forall x, y\in\boldsymbol{R}$ に対して $x=y$ ならば $d(x, y)=0$，$x\neq y$ ならば $d(x, y)=1$ とするとき.

練習問題の略解

1. 距離の条件の(0), (1), (2), (3) については明らか. 三角不等式について証明する.

$$d((x_1, x_2), (z_1, z_2))=\max\{|x_1-z_1|, |x_2-z_2|\}$$

ところが $|x_1-z_1|\leqq|x_1-y_1|+|y_1-z_1|$，$|x_2-z_2|\leqq|x_2-y_2|+|y_2-z_2|$

$\therefore$ $|x_1-z_1|\leqq\max\{|x_1-y_1|, |x_2-y_2|\}+\max\{|y_1-z_1|, |y_2-z_2|\}$

また，$|x_2-z_2|\leqq\max\{|x_1-y_1|, |x_2-y_2|\}+\max\{|y_1-z_1|, |y_2-z_2|\}$

$\therefore$ $\max\{|x_1-z_1|, |x_2-z_2|\}$

$\leqq \max\{|x_1-y_1|, |x_2-y_2|\}+\max\{|y_1-z_1|, |y_2-z_2|\}$.

$\therefore\ d((x_1, x_2), (z_1, z_2)) \leqq d((x_1, x_2), (y_1, y_2))+d((y_1, y_2), (z_1, z_2))$.

2.　この問題についても距離の条件の (0), (1), (2), (3) は明らかである．三角不等式について証明しよう．

積分の定義とヘルダーの不等式から，$f(x), g(x)$ を $[0,1]$ で負にならない連続関数として，$p>1$, $q=p/(p-1)$ とすると

$$\int_0^1 f(x)g(x)dx \leqq \left\{\int_0^1 (f(x))^p dx\right\}^{1/p} \cdot \left\{\int_0^1 (g(x))^q dx\right\}^{1/q} \quad \cdots\cdots ①$$

が成立することの証明が出来る[1]．

そこで，$\forall f(x), g(x), h(x) \in \mathscr{F}$ とするとき

$$(d(f(x), h(x)))^2 = \int_0^1 |f(x)-h(x)|^2 dx$$

$$= \int_0^1 |f(x)-g(x)+g(x)-h(x)|^2 dx$$

$$= \int_0^1 |f(x)-g(x)|^2 dx + 2\int_0^1 (f(x)-g(x))(g(x)-h(x))dx + \int_0^1 |g(x)-h(x)|^2 dx$$

$$\leqq (d(f(x), g(x)))^2 + 2\int_0^1 |f(x)-g(x)||g(x)-h(x)|dx + (d(g(x), h(x)))^2$$

ここで，真中の項に①に於て $f(x)$ の代りに $|f(x)-g(x)|$, $g(x)$ の代りに $g(x)-h(x)$ を置きかえ，$p=q=2$ とすれば

$$\leqq (d(f(x), g(x))))^2 + 2\left(\int_0^1 |f(x)-g(x)|^2 dx\right)^{\frac{1}{2}} \cdot \left(\int_0^1 |g(x)-h(x)|^2 dx\right)^{\frac{1}{2}} + (d(g(x), h(x)))^2$$

$$= (d(f(x), g(x)))^2 + 2d(f(x), g(x))d(g(x), h(x)) + (d(g(x), h(x)))^2$$

$$= (d(f(x), g(x)) + d(g(x), h(x)))^2$$

$\therefore\ d(f(x), h(x)) \leqq d(f(x), g(x)) + d(g(x), h(x))$.

---

1) 証明は読者の練習に残す．

3. ［定理］VI-22-1 の ii) の証明と殆んど同じである.

4. 先ず $A\subset B$ であるとき $\bar{A}\subset\bar{B}$ を示そう.

$a\in\bar{A}$ とすると［定理］VI-23-2 より $\forall U(a)\in\mathfrak{N}_a$ に対して $U(a)\cap A\neq\phi$. $\therefore$ $U(a)\cap A\subset U(a)\cap B$ から $U(a)\cap B\neq\phi$. $\therefore$ $a\in\bar{B}$. 従って $\bar{A}\subset\bar{B}$.

さて, $A\cup B\supset A$ かつ $A\cup B\supset B$

$\therefore$ $\overline{A\cup B}\supset\bar{A}$ かつ $\overline{A\cup B}\supset\bar{B}$. 従って $\overline{A\cup B}\supset\bar{A}\cup\bar{B}$. つぎに $\overline{A\cup B}\subset\bar{A}\cup\bar{B}$ を示す.

$\overline{A\cup B}\not\subset\bar{A}\cup\bar{B}$ とすれば, $a\in\overline{A\cup B}$ かつ $a\notin\bar{A}\cup\bar{B}$ なる a が存在する. $a\in\overline{A\cup B}$ より $\forall U(a)\in\mathfrak{N}_a$ に対して, $U(a)\cap(A\cup B)\neq\phi$. $\therefore$ $(U(a)\cap A)\cup(U(a)\cap B)\neq\phi$.

従って $U(a)\cap A\neq\phi$ または $U(a)\cap B\neq\phi$……② ところが $a\notin\bar{A}\cup\bar{B}$ より $a\notin\bar{A}$ かつ $a\notin\bar{B}$.

従ってある $U_1(a)\in\mathfrak{N}_a$ に対しては $U_1(a)\cap A=\phi$.

またある $U_2(a)\in\mathfrak{N}_a$ に対しては $U_2(a)\cap B=\phi$.

$U(a)=U_1(a)\cap U_2(a)$ とおくと $U(a)\cap A=U(a)\cap B=\phi$. しかも $U(a)\in\mathfrak{N}_a$. これは②に反す.

$\therefore$ $\overline{A\cup B}\subset\bar{A}\cup\bar{B}$. 従って $\overline{A\cup B}=\bar{A}\cup\bar{B}$.

5. i) $\bar{A}=A'=\{x|0\leqq x\leqq 1\}$, $\bar{B}=B'=\{x|0\leqq x\leqq 1\}$, $\bar{C}=C'=\{x|0\leqq x\leqq 1\}$, $\bar{D}=D'=\{x|0\leqq x\leqq 1\}$,

$\bar{E}=\{0\}\cup E$, $E'=\{0\}$

ii) $A'=B'=C'=D'=E'=\{0\}$, $\bar{A}=A$, $\bar{B}=B$, $\bar{C}=C$, $\bar{D}=D$, $\bar{E}=E$.

§24. 距離付け問題

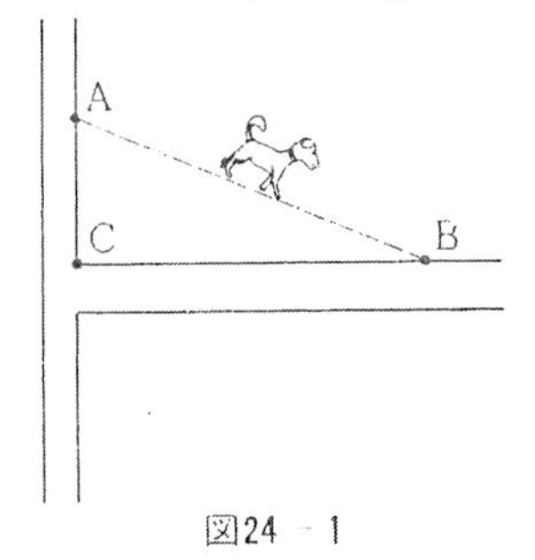

図24－1

距離空間について, 具体例とその性質にかなりの紙数を費したので, それがどんなものかの見当はついたと思うが, もともと, われわれは本能的に周囲を距離空間とみているのであって, 犬が図24-1で A→C→B と行くところを A→B

と近道を知っているのは，三角不等式の成立を知っているからだなどとよく冗談にいうことがある．

ところで，u-topology を位相としてもつ $\boldsymbol{R}$ を空間と考えるとき集合 $\boldsymbol{R}$ に距離の入れ方がいろいろあることは既に§22の例4でみた．そのうちのいくつかはその距離によって生成された位相が u-topology となり[1]，いくつかは u-topology とならない．しかし，この場合ともかく u-topology に合致する位相を生成する距離が存在するわけである．このとき，$(\boldsymbol{R}, u)$ は距離付け可能な空間である[2]．

それではどんな位相空間でも適当な距離をえらんでその位相に合致するように出来るかというと，そんなことは出来ないことは密着空間を考えればすぐにわかる．

そこでどんな位相空間が距離付け可能になるかという問題が起きてくるわけである．

アレキサンドロフ[3]やウリゾーン[4]の研究がはなやかであった位相空間論の初期の1920年代につぎの二つの定理が発見されている．

[定理] VI-24-1（ウリゾーンの定理） 第2可算公理[5]を満たす T_4-空間 $(X, \mathcal{T})$ は距離付け可能である．

[定理] VI-24-2（アレキサンドロフ-ウリゾーンの距離付け定理）．T_1-空間 $(X, \mathcal{T})$ が距離付け可能であるための必要十分条件は開被覆の列 $\{\mathcal{U}_n\}$ が存在してつぎの条件をみたすことである．

i) $\mathcal{U}_1 > \mathcal{U}_2^* > \mathcal{U}_2 > \mathcal{U}_3^* > \cdots\cdots$

ii) $\{S(x, \mathcal{U}_n) | n=1, 2, \cdots\}$ がXの各点 x の近傍系の基[6]となっている．

[定理] VI-24-1 の証明

---

1) $d(x, y)= x-y$ だけではなく，$d(x, y)=\frac{1}{2}\ x-y$ としても u-topologyと合致する．
2) §22 参照．
3) Alexandroff
4) P. Urysohn
5) 第2可算公理とは，可附番個の開集合からなる族 $\mathcal{B}$ がとれて，任意の開集合は $\mathcal{B}$ の元の和であらわされることをいう．
6) x の近傍系の部分族 $\mathcal{B}_x$ が近傍系の基であるとは，任意の x の近傍 N_x に対して，$\mathcal{B}_x$ の元 B_x が存在して $B_x \subset N_x$ となることである．

$(X, \mathfrak{T})$ の可附番個の開集合の族からなる基を $\mathcal{B}$ とする. $\mathcal{B}$ の二つの元 U, V のうち $\bar{U} \subset V$ となっている組 (U, V) のすべてよりなる集合を $\mathfrak{M}$ とする. $\mathfrak{M}$ も可附番集合であるから, $\mathfrak{M}$ の元に番号をつけることが出来る. $\mathfrak{M}=\{(U_n, V_n)\}$ とする. すべての n について, $\bar{U}_n \subset V_n$ であるから $\bar{U}_n \cap V_n{}^c=\phi$. $(X, \mathfrak{T})$ は正規であるから, $X \underset{c}{\to} [0, 1]$ なる連続関数 f_n を定めて, $f_n(\bar{U})=\{0\}$, $f_n(V^c)=\{1\}$ とすることが出来る[1]. $I=[0, 1]$ として, $X \to I^N$ なる写像 φ を $\varphi(x)=(f_n(x))_{n \in N}$ と定める.

このとき, φ は連続である.

∵ I^N の開集合は $\Pi \mathcal{U}_n$ なる形の基をもつ. ただし, $\Pi \mathcal{U}_n$ は有限個の n に対しては $\mathcal{U}_n=(a_n, b_n)$ なる開区間, 他の $\mathcal{U}_n=I$ となるもの. そこで $\varphi^{-1}(\Pi \mathcal{U}_n)$ を考えよう. $\varphi^{-1}(\Pi \mathcal{U}_n)=\bigcap_n f_n{}^{-1}(\mathcal{U}_n)$ であって,

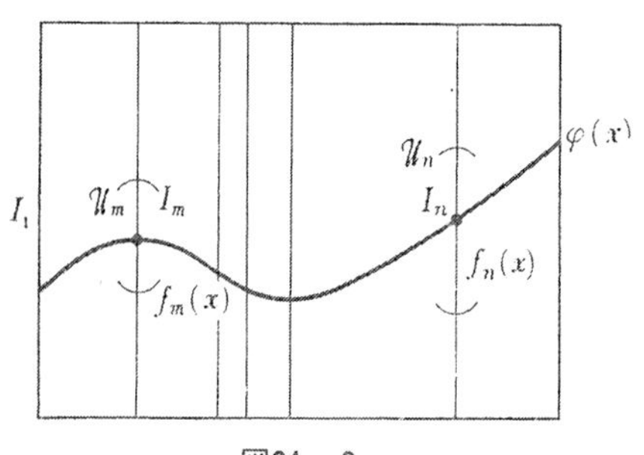

図24－2

$f_n{}^{-1}(\mathcal{U}_n)$ の有限個はXの開集合で残りはXに等しくなるから, $\bigcap_n f_n{}^{-1}(\mathcal{U}_n)$ は開集合. 従って, φ は連続.

つぎに, φ は1:1対応である.

∵ $x, y \in X$ $(x \neq y)$ とする. $x \in V$, $y \notin V$ である V を $\mathcal{B}$ にとって, T_4 の性質から, $x \in U \subset \bar{U} \subset V$ である U が $\mathcal{B}$ にとれるから, そのようなものをとるとこれは $\mathfrak{M}$ の元になっていて, 或番号 n に対応する. この n に対して, f_n; $X \to I$をとると, $f_n(x)=0$, $f_n(y)=1$. ∴ $\varphi(x) \neq \varphi(y)$ 従ってφは1:1対応.

更に, φ は開写像[2] である.

∵ $O \in \mathfrak{T}$ とすると φ は1:1対応であるから $\varphi(O)=\varphi(X)-\varphi(O^c)$ と

1) 第3章 §11 [定理] III-11-2 (ウリゾーンの補題)
2) X の開集合が I^N の開集合へ写像される.

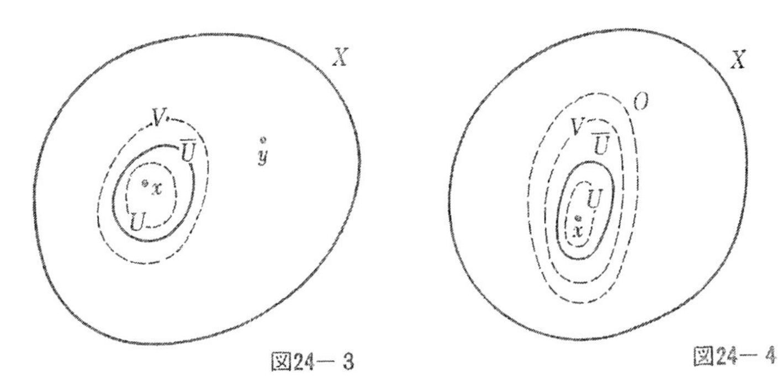

図24－3　　図24－4

なる．$\forall x\in O$ に対して，$\mathcal{B}$ の V をとり，$x\in V\subset O$ とする．この V に，T_4 の性質から $x\in U\subset\bar{U}\subset V$ なる U をとって，$(U,V)\in\mathfrak{M}$ からこの (U,V) の番号を n とする．f_n を考えると，$f_n(x)=0$, $f_n(O^c)\subset f_n(V^c)=\{1\}$．……①

$\varphi(O^c)\subset\Pi f_n(O^c)$ であるから $\overline{\varphi(O^c)}\subset\overline{\Pi f_n(O^c)}=\Pi\overline{f_n(O^c)}$ [1)] 一方，$f_n(x)\notin\overline{f_n(O^c)}$ が①より出るので，$\varphi(x)\notin\overline{\varphi(O^c)}$ $\therefore\ \varphi(O)\subset\varphi(X)-\overline{\varphi(O^c)}$ 従って $\varphi(O)\subset\varphi(X)-\overline{\varphi(O^c)}\subset\varphi(X)-\varphi(O^c)=\varphi(O)$ $\therefore\ \varphi(O)=\varphi(X)-\overline{\varphi(O^c)}=\varphi(X)\cap(I^n-\overline{\varphi(O^c)})$ これは $\varphi(O)$ が $\varphi(X)$ での開集合であることを示す．ゆえに φ は開写像である．以上によって，φ; $X\to I^N$ は連続，1:1, 開写像であることを知った．このことは φ が $X\to\varphi(X)$ の位相写像であることを示す．

つぎに I^N が距離付け可能であることを示そう．

I の距離は普通の意味の $\forall x,y\in I$ に対して $d(x,y)=|x-y|$ としておく．I^N の点 $x=(x_n)_{n\in N}$, $y=(y_n)_{n\in N}$ の距離 $d(x,y)$ を $d(x,y)=\sum_{n=1}^{\infty}2^{-n}|x_n-y_n|$ と定める．このとき d は距離となることは，距離の条件 (0), (1), (2), (3) については明らかで，三角不等式については，

$$d(x,z)=\sum 2^{-n}|x_n-z_n|\leqq\sum 2^{-n}|x_n-y_n|+\sum 2^{-n}|y_n-z_n|$$
$$=d(x,y)+d(y,z)$$

1) この式の証明は読者に残す．

によっていえるので，保証される．

さて，このdによって生成される位相がI^Nの usual な topology uと合致することを示さなくてはならない．

dによる点xの近傍系の基は$\{U_\varepsilon(x)\}$なるε-球体の集合と考えてよく，uによるxの近傍系の基は$U_{\varepsilon_1}(x_1)\times U_{\varepsilon_2}(x_2)\times\cdots\times U_{\varepsilon_m}(x_m)\times\prod_{n>m}I_n$としてよい．ここで$x=(x_n)_{n\in N}$であり，$U_{\varepsilon_i}(x_i)$は中心$x_i$，半径$\varepsilon_i$の$I_i$の球体すなわち$U_{\varepsilon_i}(x_i)=\{y\,|\,|y-x_i|<\varepsilon_i\}$である．

そこで$\forall\varepsilon>0$を与えるとき，$m\in N$を$2^{-m}<\varepsilon/2$であるように定めて，$z=(z_n)_{n\in N}$なるI^Nの点を$|x_n-z_n|<\varepsilon/2$ $(n=1, 2, \cdots, m)$なるようにとると

$$d(x, z)=\sum_{n=1}^{m}2^{-n}|x_n-z_n|+\sum_{n=m+1}^{\infty}2^{-n}|x_n-z_n|<\sum_{n=1}^{m}2^{-n}\left(\frac{\varepsilon}{2}\right)$$
$$+\sum_{n=m+1}^{\infty}2^{-n}<\frac{\varepsilon}{2}\sum_{n=1}^{\infty}2^{-n}+2^{-m}<\frac{\varepsilon}{2}+\frac{\varepsilon}{2}=\varepsilon$$

ゆえに　$U_{\varepsilon/2}(x_1)\times U_{\varepsilon/2}(x_2)\times\cdots\times U_{\varepsilon/2}(x_m)\times\prod_{n>m}I_n\subset U_\varepsilon(x)$

逆に，$\varepsilon_1, \varepsilon_2, \cdots, \varepsilon_m$を任意に与えるとき，正数$\delta$を$\min\{\varepsilon_1/2, \varepsilon_2/2^2, \cdots, \varepsilon_m/2^m\}$より小さくとり，$z=(z_n)_{n\in N}$を$d(x, z)<\delta$となる$X$の任意の点とすれば，$n=1, 2, \cdots, m$に対して，$2^{-n}|x_n-z_n|\leqq d(x, z)<\delta<2^{-n}\varepsilon_n$

$\therefore\ |x_n-z_n|<\varepsilon_n\ \ \therefore\ U_\delta(x)\subset U_{\varepsilon_1}(x_1)\times U_{\varepsilon_2}(x_2)\times\cdots\times U_{\varepsilon_m}(x_m)\times\prod_{n>m}I_n$

以上のことはdの生成する位相とuが合致することを示す．従ってI^Nは距離付け可能となりその部分空間である$\varphi(X)$も距離付け可能である．従って，これと同相なXも距離付け可能である．　　　　（証明おわり）

このウリゾーンの定理は長い間距離付け問題の基本的な位置を占めていて，証明の手法，定理の発展への基盤を提供していた．特にこの定理を必要十分の形にしようとする試みは永い間研究の焦点にされていた．1950年前後に，日本の長田潤一，アメリカのビング[1]，ソ連のスミルノフ[2]の3

1) Bing
2) Smirnov

人によって，全く独立に発見された．特に長田，スミルノフのものは大体同じものであったので現在は長田・スミルノフの距離付け定理[1]として知られている．

また，［定理］VI-24-2 はムーア[2]によって少し条件をゆるめた形の所謂ムーア空間が考えられ，その距離付けの問題に関して，非常に沢山の結果が得られている．［定理］VI-24-2 の証明は長くなるので省くことにしたい．

これらの距離付け定理の特徴とするところは，可附番性…特に基に関する可附番性が強くきいてくることで，この性質と距離との深いかかわり合いを示しているとみられる．

長田・スミルノフの定理を述べ，これによってウリゾーンの定理を必要十分の形に直したものを示して本講を終りたい．

［定義］ 位相空間 $(X, \mathcal{T})$ の開集合の基が可附番個の局所有限の開集合の族の和になるとき，$(X, \mathcal{T})$ はシグマー局所有限の基[3]をもつという．

［定理］VI-24-3（長田・スミルノフの距離付け定理）

正則空間 $(X, \mathcal{T})$ が距離付け可能であるための必要十分条件は $(X, \mathcal{T})$ がシグマー局所有限な開基をもつことである．

［定理］VI-24-4（ウリゾーンの距離付け定理）

第二公理空間 $(X, \mathcal{T})$ が距離付け可能であるための必要十分条件は，$(X, \mathcal{T})$ が T_3-空間なることである．

§25. 本講のおわりに

この位相空間の話は1968年の11月号から3カ月間集合から空間へという標題で「現代数学」に連載したものがはじまりで，当初は集合というバラバラな存在をゴムのような物体にするための道具の導入を簡単に紹介するつもりであった．ただ，そのとき単なる話に終るいわゆる言葉の紹介に過ぎない漫画的なものでなく，必要ならば応用も可能なようなそれでいて

1) Nagata-Smirnov's Metrization Theorem
2) Moore
3) σ-locally finite open basis.

理解に困難でないものを提供したいと考えて書いたのである．このことは言うは易く行うは難しく，何となく尻切れトンボのような恰好で終ってしまって，何か物足りない感じが残っていた．

1974年になって，1968年のものの続きを書いたらという奨めがあって，それでは続けてみて少しまとまったものとしてみようと書き足したものが本講である．

元来，位相空間論の書き方としては，位相解析を指向する書き方，位相幾何学を指向する書き方，位相空間論そのものを主体とする書き方の三種があると思われる．

前二者については，位相解析，位相幾何学の専門家の手にまった方が無駄がなくてよいのではないかと思う．しかし，まだそのどちらを指向するというのでもなく，すべての現代数学の基礎としての位相空間論や，多少とも本来の空間論に興味をもった人のためにはあまり応用の方を気にしないで，問題点を追った書き方の方が面白いのではないかという考えで，方法としては第三の書き方を選んだつもりである．

実際に号を追って書き進んで来ると，書きたいことは沢山あり，紙数には限りがあり，ゆっくり検討する暇はなし，出来上ったものはまたまた中途半端なものになってしまったような気がしてならない．わが力不足を嘆くと同時に，これまで読んで下さった読者の方に御礼と御詫を申し上げる次第です．

最後に二，三の参考書を挙げて，今後進んで勉強したい方の便に供したいと思う．

本書の程度をもう少しくわしく丁寧に書いたものとしては，集合・位相入門（松坂和夫著　岩波書店）がある．この本は本書程度のことを充分理解したいと思う人に丁寧に読むことをすすめたい．

もう少し先を急いで，位相空間論らしい本をという人には，位相空間論入門（花井七郎著　槇書店）をすすめたい．これは第三の書き方としてかなり強い特徴が出ていて，しかも小さくまとまっている．

もっと本格的にという人には世界的に定評のある John L. Kelley の General Topology の一読をすすめる．

これはオーソドックスなものの代表として考えてよい．これには児玉之宏氏の訳本がある．(位相空間論，吉岡書店).

最近(1974年8月)岩波書店から　児玉之宏，永見啓応著　位相空間論が出た．この本は随分読みごたえがあるから，Kelley のもの或は花井氏のものを読んでから読まれることをすすめる．

これらの本を読むときに特に注意されたいことは，同じ言葉でも本によって定義が異なるからその本その本によって定義のしかたを充分確めて読むよう注意されたい．例えば，コンパクトという言葉でも，T_2 を仮定する本と，仮定しない本，また，空間についてのみいう場合と集合についてもいう場合などいろいろある．

さて，この稿を終ってつくづく考えることは，新しい数学をわかり易く，役に立つように伝えることがどんなにか難しいということである．機会があったら，このなかの一つの項たとえばコンパクトという概念をもっと丁寧に，そして具体からの浮き彫りにした抽象として書いてみたいと思っている．

索　引

さ～そ

た～と

な～の

は～ほ

ま～も

や～よ

ら～ろ

わ

著者紹介：

松尾 吉知（まつお・よしとも）

東京理科大学名誉教授

日本数学教育学会名誉会長

現数 Select No.4 **集合から空間へ** 位相空間論へのみちびき

2024 年 1 月 21 日　初版第 1 刷発行

著　者　松尾吉知

発行者　富田　淳

発行所　株式会社　現代数学社

〒 606-8425 京都市左京区鹿ヶ谷西寺ノ前町 1

TEL 075 (751) 0727　FAX 075 (744) 0906

https://www.gensu.co.jp/

装　幀　中西真一（株式会社 CANVAS）

印刷・製本　山代印刷株式会社

ISBN 978-4-7687-0627-5　2024 Printed in Japan